鈴木真 著
くるねこ大和 画

猫医者に訊け!

eb! enterbrain

はじめに

猫ってどんな動物ですか？

地球上で一番進化したほ乳類かな⁉

生物学の見地からすれば、全く相手にされない考え方。でも家畜の中で唯一、狩りなどの仕事を何にも持たなくても、全世界で暮らすことができる。

なんと、日本だけでも1千万頭ものネコがいる。ヒトはヒトこそが一番進化していると言うけど、世界中のどこかで戦争や紛争は絶えないし、自分たちの住んでいる環境すら維持できていない。おまけに、何かあるとすぐに他人のせいにして、自分で責任をとらない。ネコは全責任を自分自身に課しているせいか、無駄な争いごとはしないし、徒党を組んで悪いこともしない。それを違う見方をするから、「自分勝手」とか「気分屋」と誤解されているだけ。水平社会と表されているネコの社会構造には、いわゆる「イジメ」なども存在しない。これが本当は動物の理想的な社会構成なのかもしれない。

そんな不思議な、この小さな生き物のことをより深く知ってもらえたら、我々も何らかの知恵を授かれるかもしれない。本書がその一助になれば幸いである。

猫医者

猫医者に訊け！　目次

つーん

第1章

からだを訊け!

「猫ってどのくらい目が見えてるの?」

「毛の色や模様はどうしてたくさんあるの?」

猫の“からだ”は不思議がいっぱい。

猫医者がビシッとお答えします!

Q 1

ヒゲが全部折れちゃってる子猫を見かけました。これって問題ないんですか？

最初から難しい質問！

実はこれ、医学的な根拠は分かっていないのが実情。で、とりあえず猫医者流の回答を。子ネコのヒゲ折れは大きく、

①ほとんど全部が折れているケース
②左右片方が折れているケース
③数本だけ折れているケース

以上の3つに分けられる。ただ、どのケースでも複数のヒゲの折れている位置が同じ場合が多いことから、ちょうどそのヒゲが毛根で作られている時期に何らかの問題があったと推測できる。その後はちゃんと生えていることからすると、一時的な毛根の虚血による形成不全であろう。あくまでも仮説。

Q2

尻尾が短かったり長かったり、折れていたりするのはなぜですか？やっぱり遺伝？

アジア圏のネコの特徴。

これは麻布大学獣医学部附属動物病院の元・院長である鈴木立雄先生の専門で、ネコの脊椎の形成異常によるもの。尻尾が短かったり、曲がったりしているネコは脊椎（定数）の数が足らなかったりしていることもある。

世界的にみるとアジア（日本や韓国）のネコに見られる遺伝的な特徴になっている。尻尾の全くないマンクスとは遺伝的に全く異なっている。

Q3

肉球の間からはみ出してる毛は、切ったほうが良いのでしょうか？

ハサミは絶対に使わないこと！

普通の短毛のネコであれば、まず毛を切る必要性はない。長毛種で高齢だったり、体重超過の場合は切ってあげたい。

ただしハサミは絶対に使わないこと。間違ってパッド（肉球）を切ってしまう怖れあり。病院では動物向けの業務用バリカンを使って切っている。

ネコの毛はヒトの毛と比べると細く、市販のヒト用のものだと難しいことがあるので、困ったらかかりつけの獣医に相談をして！

Q4

色や柄で性格の違いってありますか？「サビは賢い」とか「赤トラは人懐っこい」みたいなことを聞きました。先生は色や柄による性格の違いを感じたことはありますか？

あるある！特に赤トラ。

赤トラはほとんどがオスで、ちょっと間が抜けている。メスは稀少で、変わり者が多い性格。我が家にも何頭か赤トラのオスがいたけど、やはり賢いとは言いがたかった……。そこがまた愛される理由なんだけどね。

猫医者的にはミケネコが一番相性が良い。ミケネコはほとんどがメスだが、その意地悪そうな感じが好き。

でも血液型も星座も、性格や個性とは関係ないことが科学的に分かっている。ネコの毛色に関しても同じように、根拠は見出だせないはず。でもその思いこみがきっかけでネコと親密な関係が作れるなら、それはそれで良いんじゃないかと思うけど。

Q5

一緒に生まれた兄弟なのに色が全然違うのは、父親が違うから？

色が違うからといって父親が違うことはない。

ネコは交尾排卵。イヌのように自然に排卵することはなく、交尾をした刺激で卵巣から成熟卵胞が排卵される。だから複数回交尾をしたとしても、妊娠する可能性がある交尾は一度に限られる。よって、色が違うからといって父親が違うことはない。

子の色について唯一法則が決まっているのは、ブルー（灰色）のネコだけ。両親共にブルーであれば子もすべて同色になる。それ以外は両親の持っている遺伝子情報で、両親の色に関わらず様々な色が出現する。真っ白のネコだってミケネコを生む。

色だけじゃなくって性格もバラバラなのがネコの特徴。イヌの場合は一度に生まれた子イヌがよく似た性質なのに対して、ネコは同じ兄弟でも性格も様々。

Q6

猫はどの程度、人の言葉を理解してるんでしょうか？自分の名前は認識しているような気がします。「可愛いね」って言うと、得意気な顔をする気がします。

「場の雰囲気」で物事を判断している。

ネコだって場の空気を読んでいる。その反応で、しゃべっていることが理解できているかのように感じてしまうだけ。

たとえば、名前を呼ばなくてもネコに薬を飲ませようと思った瞬間に逃げられてしまったことはないかな？　ネコにも「リーディング」の能力は備わっている。「リーディング」というのは、よく占い師などがヒトを読み抜く能力として利用しているもの。分かりやすく言えば空気を読む能力。ネコも言葉を理解しているのではなくて、「場の雰囲気」で物事を判断している。だからネコは「タマちゃん」を「ハマちゃん」と言い間違っても振り返るはず。

Q 7

人が話す「ヒソヒソ話」は、猫にはハッキリと聞こえますか？

特別小さい音を聞き分ける能力はない。

ネコの聴力は、ヒトに聞こえないような超音波（周波数の高い音）まで聞こえる能力は持っているけど、特別小さい音を聞き分ける能力があるわけではない。

ただ、ヒソヒソ話ってヒトの耳の近くでしゃべっているのだろうから、ネコにとっては何をしているのか気になって仕方がないはず。寝たふりをして、耳だけこっちに向けているような光景を目撃したことがあるでしょ？　ほかにも、たとえばあなたが小さな穴をのぞき込んでいると、ネコは隣にやってきて座って見たりするはず。ヒトがこそこそ何かをしているのが、ネコはすごく気になるみたい。

でもヒソヒソ話は、言葉の内容は聞こえていなくても、おそらく見透かされているんじゃないかな。

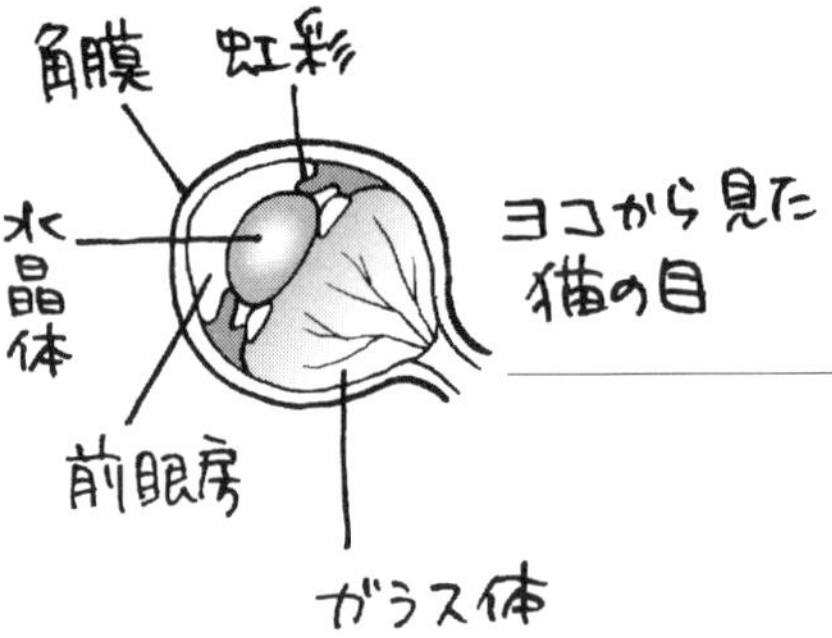
角膜
虹彩
水晶体
前眼房
ガラス体
ヨコから見た猫の目

Q8

**猫がよく目にゴミを入れています。
自分の毛が入っていることが多いです。
痛そうな素振りを見せないのですが、
猫って目に毛が入っても痛くないのでしょうか?**

私も昔から不思議に思っている。

ネコは角膜（目の表面の透明な部分）に損傷があっても、あまり痛そうにしない場合すらある。30年くらい前に長時間使用可能なコンタクトレンズが初めてできたとき、デベソな私は使っていたことがある。砂か何かが入ってしまい、痛いのを我慢して使っていたら、大変なことになってしまい、目医者でこっぴどく叱られた。そのときの痛みといったら焼けるような痛さで、今でも忘れられない。でももっと重症な状態でもネコは平気で目を開けていることがある。痛覚の差は確実にあると思うけど、はっきりとした根拠は残念ながら見つからない。

　余談だけど、最近は再生医療も発達して、損傷した角膜を治療できる再生ディスクがある。穴の空いてしまった角膜がふさがるすごさはピンとこない方が多いだろうが、最近の獣医学では星みっつ。

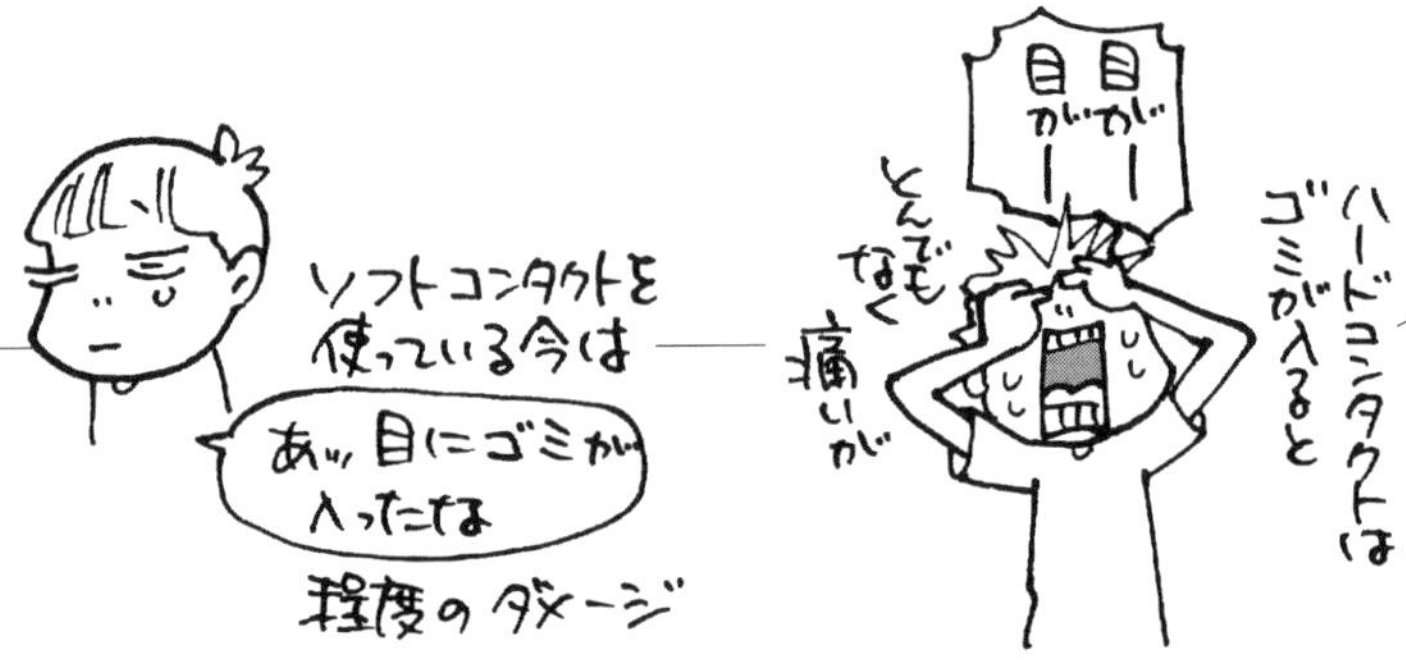
ハードコンタクトはゴミが入ると
とんでもなく痛いが
目がー目がー
ソフトコンタクトを使っている今は
あッ目にゴミが入ったな
程度のダメージ

Q 9

様々な色や柄の猫がいますが、模様がユニークな子もいますよね。どうして面白い模様になってしまうんですか？

基本的なルールは決まっている。

三千年以上さかのぼると、もともとネコの体毛の色はブラウンタビー、いわゆるキジトラと呼ばれているものだった。そのあと黒変種と白変種が登場。ヒョウにクロヒョウという黒い個体がいるが、よく見るとクロヒョウもちゃんとヒョウ柄。それと同じでクロネコも、よく見ると脇の部分などにトラ柄が残っていることも多い。そしてそのうちにオレンジ色に変種する。いわゆるアカトラとかチャトラと呼ばれている色。そのオレンジ色になる特徴（遺伝子）が性染色体（X染色体）の上にのっかっていたために、性別と色との関係が始まる。白地にオレンジ色と黒が混ざったものがミケネコなんだけど、オレンジ色の遺伝情報を持つ性染色体（X）と、黒色の遺伝情報を持つ性染色体（X）の2つが揃ってミケネコとなるため、染色体が（XX）の組み合わせであるメスのみがミケネコになりうる。だからミケネコにはオスがいない（稀に染色体異常でオスのミケネコも出現する）。もともとのトラ柄と、そのあと登場した黒と白、それにオレンジが混ざり合って現在の様々な色になっているんだけど、基本的に腹部側は白、背中側に色や柄が現れる。今まで私が見た中で一番変わっていたのは、頭だけ真っ白で体が真っ黒の白頭鷲のような個体！　こんなのは想定外！

Q 10

**首輪の鈴はストレスになるのでしょうか？
自分が鈴を付けられたとしたら、
常にチリンチリン鳴っているのは嫌だと思いそうなのですが……。**

あなたの言う通りすごいストレスのはず。

第一にヒトの聞こえる周波数と、ネコの聞こえる周波数は違うので、その鈴の音がネコにとっては不快極まりない可能性だってある。だいたい、ネコに鈴を付ける理由が分からない。ほとんどのヒトは居場所が分からないから付けておくって言うけど、ネコは毎日同じ時間にほぼ同じ場所にいるはず。そんなことも把握できないならネコの飼い主としては失格。

ネコと言えばカツオ節を食べて、首に鈴を付け、コタツで眠る……これ全部間違ってるから！

Q 11

**1歳のサバトラ白のメス猫について。
生後3ヶ月頃はサバトラ部分がグレーだったのですが、
最近薄茶色っぽくなってきたように感じます。
毛色や長さなど、成長に伴って変わることってありますか？**

基本的に模様や色が途中で変わってしまうことはない。

ただ、子ネコからオトナになる段階、4ヶ月目くらいから全身の毛が生え変わっていくので、若干子ネコのときとは違った印象の毛色に感じることがあるかもしれない。子ネコのときにすごく毛が長い感じがしていても、大きくなったら短くなった、なんていうケースは少なくない。

同じ親から一度にいろいろな毛色のネコが生まれてくるけど、トラネコがある日突然ミケネコになることはないよ。

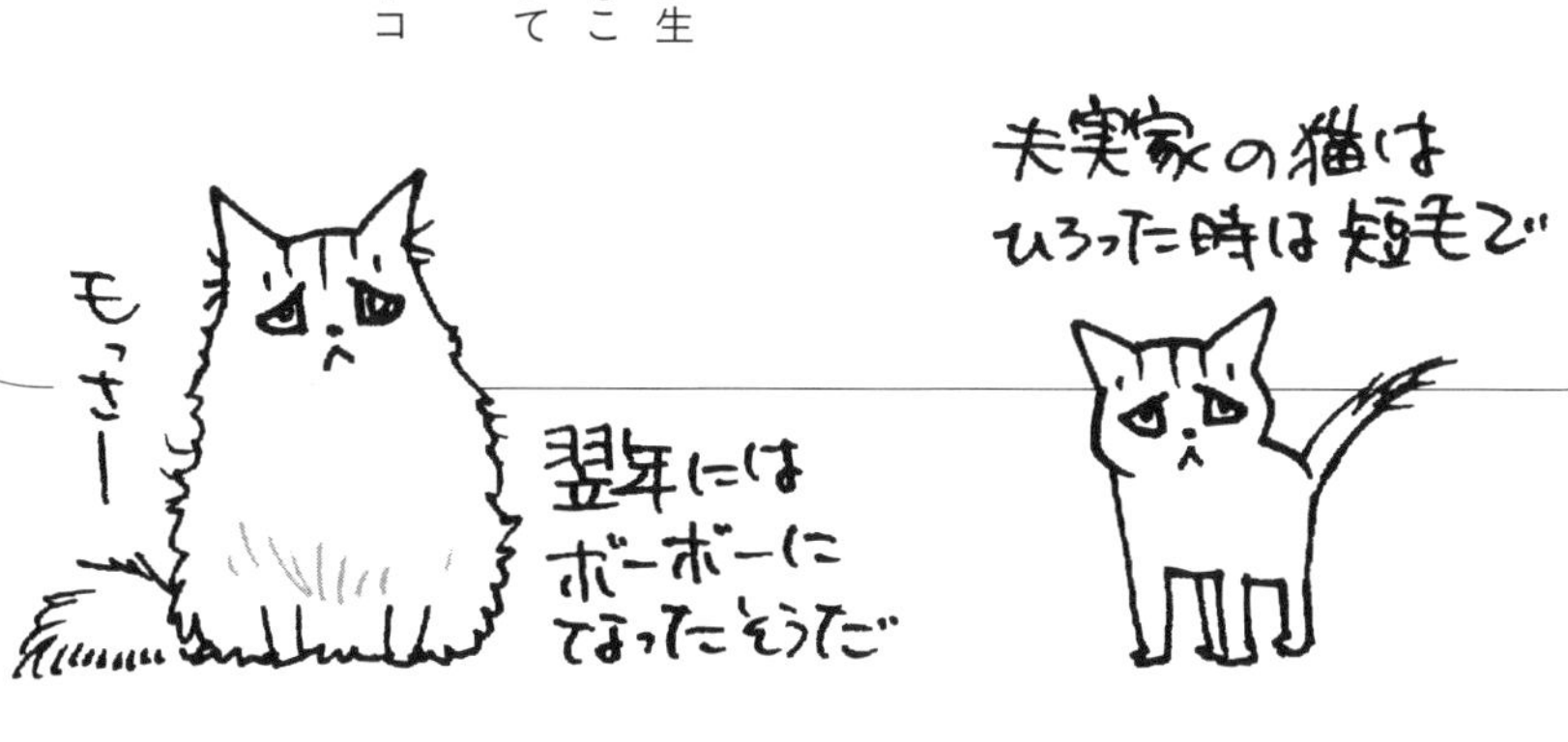
夫実家の猫は
ひろった時は短毛で
もっさー
翌年には
ボーボーに
なったそうだ

Q 12

**猫がよくお尻のかぎ合いをしていますが、嗅覚は良いのでしょうか？
たまに「くっさ！」みたいな顔もしますが、あれは何ですか？
あと、我が家の猫は旦那の加齢臭が付いた枕が
大好きなのですが……落ち着くのかしら……？**

嗅覚に対する依存度は高い。

あなたも旦那の臭いに惹かれて一緒になったはずなんだけど、たぶん覚えてないよね！　ヒトもネコ同様にお互いの体臭を感じ取る能力は持っている。簡単に説明すると、体臭が臭く感じるヒトは自分とは相性が合っていなくて、無臭に感じるヒトは相性が良い。あなたも昔は旦那の臭いを感じなかったはず。多少加齢臭は増えたかもしれないけど、基本的に旦那の臭いは変わっていない。残念ながら情が薄くなってしまって、臭く感じているだけなんだなぁ。そしてあの「くっさ！」という顔はヤコブソン器官[＊]で臭いを認識している顔で、嗅覚で感じているわけではない。臭いなんていい加減なもので、ずっと同じ空間にいると、その臭いはだんだん感じなくなってしまう。毎日いると感じないけど、旅行から帰ってくると自分の家の玄関が臭うでしょ。記憶に新しい臭いは敏感に反応するし、体臭などのフェロモンは個体によって感じ方が違っている。動物種が違っていたら、フェロモンは反応しないはずなんだけど、ときどきネコもヒトの臭いに反応することがあって、そのネコは旦那と相性が良いのかもしれないよ？

＊**ヤコブソン器官**：一般的な嗅覚ではなく、フェロモンを受容する器官。

Q
13

子猫の目の色が、最初は青かったのですが、最近黄色っぽくなってきた気がします。目の色は、成長に伴って変わるのでしょうか？

生後40日を過ぎてくると本来のオトナの目の色に変わり始める。

ネコは生後7〜8日くらいで目が開くけど、そのときはみんなグレーっぽい色をしている。生後40日を過ぎてくると本来のオトナの目の色に変わり始めて、青系と緑系、茶色や黄色と大きく4系統に分かれる。ここで決まった色が、成長して変わることはないけど、年をとって若干シミのような部分が増えてくることはある。海外ドラマだと、目の色も異性に対する好みの一部のようで、「グリーンの瞳がセクシーだ」なんて口説き文句を耳にするけど、目の色で飼いネコを選ぶヒトは少数かな。

「猫の目」という慣用句があるけど、これは目の色のことではなくて、瞳孔の大きさが明るさによって分かりやすく変化することから、「非常に変化しやすいこと」を指す。

片目だけ赤く光る もんさんは
ターミネーター みたいだったわ。♪
ででん♪でんででん♪

んふ
んふ
何か？

くらがりで 赤く光る目の男たち

Q14

猫が「お手入れ」をマメにするので、胃に毛玉が詰まってしまいます。上手に吐き出させる方法はありますか？ドライフードはヘアボールコントロールです。ほかにも猫草を置いたり、マメにブラッシングもしています。

吐かせるのではなく口に入らないようにグルーミングすべき。

特にアンダーコート（下毛）の多いネコは先にコームで取り除いてからラバーブラシでトップコート（ちょっと固い毛）を抜いてあげるのが基本。猫っ毛というくらいで、ネコの毛はとても繊細。金属製のブラシだと毛が切れてしまうので、ネコには使用しないほうが良い。特にミドルロングのネコは手入れが大変で、上手に換毛できていないことがあるから注意。あまり頻繁に嘔吐するようなら、毛を全部刈ってしまうのも一つの方法かもしれない。ちなみにネコは毛玉を吐くために猫草を食べるんじゃないよ！基本的に健康なネコは草を食べない。草を食べる理由は、はっきりとは分かっていないけど、本来の捕食行動においての「捕まえた獲物の毛をむしる行為」の代替えと言われている。簡単に言うとストレスが多いと草を食べてしまうというのが正解かな。

あとヘアボールコントロールというキャットフードは、毛玉を吐き出させるためのものではなくて、ウンチと一緒に出させるためのもの。お間違えのないように！

Q 15

飼い主を何で判断しているのでしょうか？ 家に帰ると必ず猫たちが玄関でお出迎えしてくれます。たとえば飼い主の洋服を着た他人が家に入ってきたら、判別できるのでしょうか？ 化粧をしていても変わらず甘えてくれますので、顔で認識しているとは思えないのですが、臭いでしょうか？

主に音ですよ。

ネコの五感はすごくバランスがとれている。それに引き替えヒトは五感の80パーセントくらいを視覚が占めているから、何でも見た目で判断してしまう。「美味しそう」も「楽しそう」も視覚からの情報だけで決めていない？　日本人は特にそれが強い様子。たとえばテレビにしても、東南アジアで好まれるテレビは音が重要で、大きなスピーカーが付いている機種が好まれているらしいけど、日本は画面の大きさや映像の美しさが重視されている。

対してネコは視覚、聴覚、嗅覚のバランスが良く、物事の判断は総合的に行われている。聴覚の周波数帯もヒトとは違う。ヒトには聞こえない音を察知しているから、ヒトには超能力のように感じることがあるかもしれない。だからネコの首に鈴を付けないでほしいと、前にも言ったわけ。

化粧をしているかどうかなどはネコには全く関係ないことで、それ以前に音やシルエットや動き方で判断できている。

Q
16

猫がテレビに興味を持ち、かぶりつくように見ています。球技のボールなどが気になっているようで、じゃれたりしています。先生の家でテレビを見る子はいますか?

我が家のまめ吉はガチャピンが大好きだった。

テレビにガチャピンが出ると、ずっとテレビの真ん前に座って見つめていた。どうもネコにはテレビが見えるネコと、見えないネコがいるみたい。ほかの我が家の多くのネコはテレビには全く興味を示さなかった。テレビの画像は虚像で、走査線の信号が点滅しているだけだから、見えないネコがいてもおかしくはない。あるいは見えていても、ただの画像だと分かってしらけていて、全く興味がないのかもしれない。

前の回答の通り、ネコの視覚に対する依存度は高くないから、物事を見た目だけで判断していない。私もテレビ世代だから、いろんなことをテレビから刷り込まれていると思う。今も携帯やパソコンの画面に取って代わっただけで、目からの情報だけに頼りすぎてしまっているよね。その点、ネコは五感をフルに使って過ごしているんだから、ちょっと見習わなきゃいけない。私も小さい頃、近くでテレビを見ると目が悪くなるってよく言われたけど、近くで見ていなくても目が悪くなってしまった。そもそもテレビだけで本当に目が悪くなるかどうかは疑問が残るけど……。ネコは初めから視力があまり良くないから、近くでしかテレビが見えないんだな。

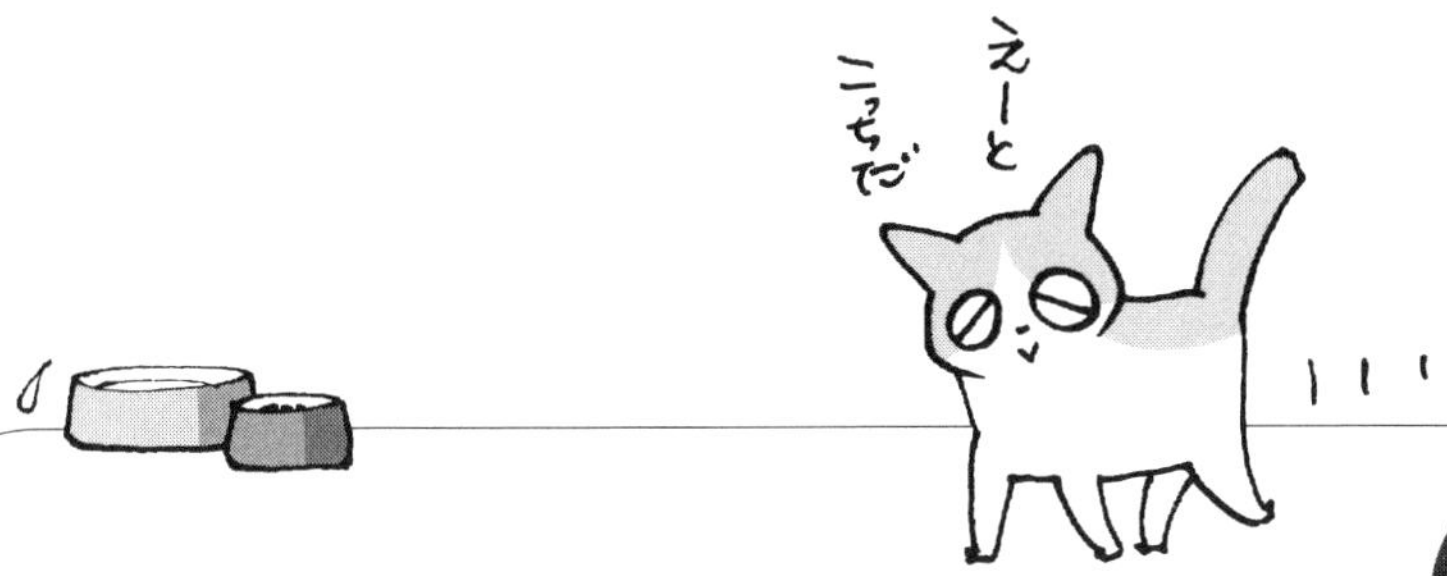

Q 17

目が見えない猫を保護しました。飼うにあたって準備したほうが良いもの、生活のサポートなど、暮らし方についてアドバイスをお願いします。

一番危険なのは上下の落差。

階段なんかは一番危険なので注意してもらいたい。全く目の見えないネコを何頭も診察してきたけど、なぜかみんな穏やかな性格で、何不自由ないように見えた。たとえばケージの中に入ったまま、ずっと暮らすのも悪くないだろう。残念ながら、狭い場所が可哀想だと思っている飼い主が圧倒的に多い。ネコにとってのストレスは目まぐるしく環境が変わることであって、多少狭くても清潔で安定した環境を好む動物だから、毎日同じケージの中にいるほうが安心できる。少し話が横にそれるけど、我が家にもほとんど目の見えない金魚がいる。フードも嗅覚であたりをつけて食べている。初めは四角い水槽で飼っていたけど、まっすぐ泳いではぶつかって、そのうちにだいたいの大きさが分かったようで、あまり激突しなくなった。そのあと丸い鉢の水槽に換えてあげたところ、その壁に沿って彼（彼女かもしれない）は何周も泳ぎまくった。それが円形と理解できたのか、あるいはすごく広いどこまでも続く壁と思ったのかは分からないけど、四角い水槽にいたときのように右往左往することはなくなった。目の見えないネコも、慣れてくると壁にぶつからないで一定の場所をまっすぐ歩けるようになる。食事や水も同じところに設置すれば、おそらく嗅覚を頼りに上手に取れるようになる。そのネコの幸せの形を見つけてあげて。

くるね子が訊く！ 1

**同腹の兄弟のマル胡、胡ゆっきは性格も体格も全く違います。
青い目のマル胡は陽気でおっとり、むっちり体型。
黄色い目の胡ゆっきは、気が強くて努力家、細マッチョ体型。
目の色と性格、体型とかは関係があるんでしょうか？
ちなみに青い目の胡ぼんも、陽気でおっとり、むっちり体型です。**

これはこれは くるねこさんからの質問とは！

診察中に獣医が普段目を通す文献にあるカタカナ言葉を使うと、彼女の目はどんどん小さくなって、もっと分かりやすい説明を要求されるので、できるだけ理系な表現は避けて説明をしたい。今回の『猫医者に訊け！』に関しても、なるべくそう心がけているつもりなんだけどね。

さて、まず遺伝に関して、今から２００年くらい前にさかのぼって、メンデルの法則から。エンドウ豆の見た目の違いの研究が始まりなんだろうけど、当然当時はＤＮＡの解析などという概念はないので、「表現型」と呼ばれる「生物の見た目」からしか対象を捉えることができない。逆に言い換えれば、今もそうだけど、ヒトは物事を見た目だけでくくろうとするのが自然なことで、本質を見つける科学こそが不自然に感じることになる。だからこそ、白いネコの兄弟が、片方の目が黄色だと、もう片方の目の青色が不自然に見えて、個々の違いがより強調され、アイデンティティー（このくらいのカタカナは見逃して）を区分しようとしてしまう。この、見た目で集合体を形成しようとすることが、差別などの始まりというわけ。残念ながらそれはすべてのヒトが持つ特性であり、ガンジーやマザーテレサは極めて特別な存在だから偉業が達成できた。でもネコの世界にガンジーやマザーテレサは存在するだろうか？　もし彼らの生まれ変わりがネコにいたとしても、全く目立たないんじゃないだろうか。なぜなら命を張って止めなければならない紛争はネコの社会では起き得ないから。

　表現型だけでその性格までをくくるのは本質を見誤るということが言いたかっただけだが、話がそれてしまったけど、特に双子のネコがいると比較したくなる気持ちは分かる。またもや余談だけど私は小さい頃、「双生児」という漢字を習うまで、赤いソーセージウインナーがどれも形が似ているから、双子を「ソーセージ」と呼ぶんだと勘違いをしていた。当時、小学校の同級生に双子の女の子がいて、母親は「いつもどっちがどっちか分からない」と言っていたが、子どもだったからか、私はその二人を間違えることはなかった。オトナの知識が邪魔をして、物事を外見で判断するようになると、そうなってしまうのかもしれないけど、私は今も間違えない自信がある。髪型や化粧が変わっても全く気付かない、失礼なオトナだから。

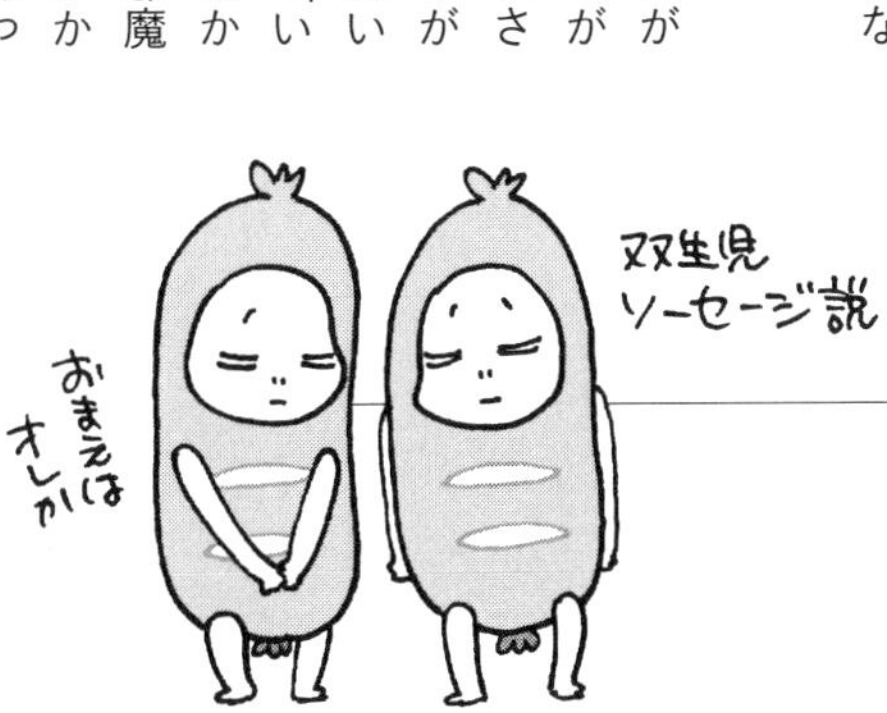

関節を曲げるのが下手。
手足をのばした状態で歩行する。
足音も大きい。
ふんふん
どこどこ
どこ

マル胡、胡ゆっきのように体が真っ白なネコの目は「青色の虹彩」と「黄色の虹彩」、それと左右で青、黄の別々の色を持つ、「オッドアイ」と呼ばれる3種類がほとんど。緑色の目の白いネコは珍しい。ほとんどのネコの飼い主は、自分のネコの目の色を聞かれても答えられないけど、真っ白のネコは目の色が目立つせいか、容易に答えられるケースが多い。でも残念ながら、本題の目の色と性格には関連性を肯定できる根拠は見当たらない。そう、血液型性格診断が当てにならないのと同じ。

この体に少し不自由がある二人を、ここまで育てたくるねこさんには敬服している。彼らの運動機能に障害があることに気が付いたのは、生後50日くらい。ほかの兄弟とは明らかに動きが違っていた。成長するにしたがって、ある程度緩和されていくだろうという経験値は持っていたものの、なかなか改善してこないことに焦りを感じるほどだった。根気よく育ててくれたおかげで、見た目では気付かないほど普通に育ってくれている。彼らは小さい頃から気質には違いがあった。それはまだ虹彩が今のように発色する以前、生後3ヶ月よりも前の段階で。子ネコは生まれて一週間ちょっとで目を開ける。そのときにはオトナになってからの青や緑ではなく、みんな一律にグレーがかった色をしている。その頃、しばらく病院にいたことがあったので覚えているが、胡ゆっきは最後まで自分で食事を取ろうとしなかった。今や「気が強くて努力家」のようだが、しつこく食べさせ続けた、うちの家内の頑固さが乗り移ってしまったのだろうか？　当時はマル胡のほうが生きることに貪欲な印象を持っていたけど。

胡ぼんも人工授乳をしていた頃からのつきあい。おっとりしている印象はないけど、飼い主が言うんだから確かなんだろう。ただ残念ながら白ネコ軍団の聴力検査ができていないので、はっきりしたことは言えないが、耳が不自由なネコはちょっとほかとは変わった感じがするかもしれない。ネコの聴力検査は、麻酔下で耳に信号を送り、脳波を測定してからでないとできない。ヒトの様にイヤホンから音が聴こえたらボタンを押してくれるわけじゃないから仕方がない。ただ、白いネコの聴覚異常は全く音が聞こえないわけではないし、片耳が聞こえている場合もあるようなので、飼い主も気付かないことがしばしば。そういったハンディキャップは性格に影響を与えるかもしれない。

体格に関しては、兄弟だからといっても似てないことが多く、同じ食事を同じように食べていても、同腹の兄弟であっても全く違った体型になることは経験している。細マッチョというのは最近の表現なんだろうけど、自分のネコを触ってみて、細マッチョという感じがするのであれば、まさにそれがネコの理想の体型なんだと覚えておいてもらいたい。

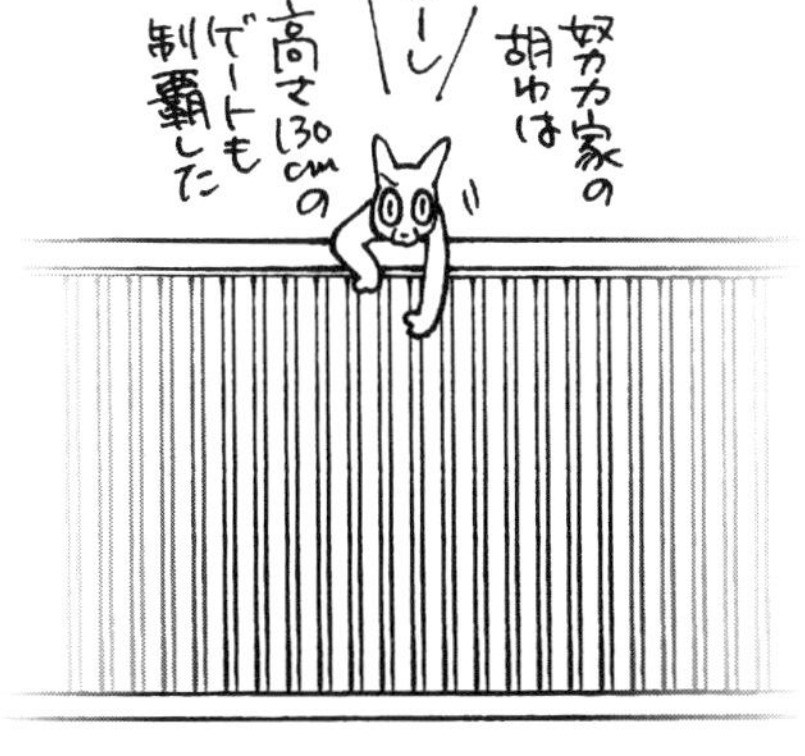
努力家の胡ゆは
よーし
高さ130cmのゲートも制覇した

第2章

しぐさを訊け!

がりがり爪を研いだり、ゴロゴロ喉を鳴らしたり。
カゴやお鍋に入ったり、鏡をじっと見つめたり。
猫の行動は可愛くて、ちょっと変?
でもそんな“しぐさ”から、猫の気持ちが分かっちゃうかも!

Q 18

「ゴロゴロ」と鳴くのって
うれしいときだけじゃないって本当ですか？

うれしい感情の表現と思っているのなら飼い主としてはお粗末！

もともとは赤ちゃんネコが母親にお乳を求めるときの信号音。と、いうことでネコは「要求」の意味でゴロゴロと音を鳴らす。病気で具合が悪いときにも、楽にさせてほしいという意味でゴロゴロ鳴っているのを知っているだろうか？

上手に音を鳴らせないネコもときどきいるけど、別に病気というわけじゃないからね。

目が合っただけでノド鳴らす男
ぶるるるん
ぶるるるるるん
ごはんください
ゴシゴシしてから
よしよしして
ください
あとカワイイって
ほめてください
それから
それから

ぐるぐる
じゃぶじゃぶ
ぼ
ぬれるのへーきな子は
一定数いる。

Q
19

濡れるのがキライなくせに、お風呂場に入ってきてこちらのことをじっと見ています。なぜでしょう？

「馬鹿みたい！」と思っている……のかも。

そのネコはストーカーでしょう……。我が家にもストーカー系のネコがいて、お風呂をずっとのぞいていたことがある。でも正直なところ、この行動の動機を解明するのは困難で、この手の質問に適切に答えたらおそらくえせ者。

まあ濡れることが嫌いだからこそ、水の中で何をしているのかが気になるわけで、ネコからしてみれば「気持ち悪い水の中で、わざわざ長い時間遊んで。馬鹿みたい！」と思っているのかも。あるいは飼い主がよっぽど立派な裸体の持ち主で、ネコがその裸にすごい興味があるのか？

Q 20

レースカーテンをひっかくので困っています。
風でゆらゆら動くので、興味を持つのは分かるのですが……。
やめさせるためにはカーテンを外してしまうしかないでしょうか？

カーテンって必要？

窓があったらカーテンをつけるのが当たり前？　ヒッチコックの『裏窓』［*］でグレース・ケリーが見ている窓にはカーテンが付いてないのに、ケリーバッグ［*］に憧れるのっておかしくない？

ネコと窓回りは相性があまり良くない。怪我をしやすいのもこのあたり。ブラインドもよくヒモで怪我をするし、最近流行りのバーチカルタイプも下の連結ヒモは外すべき。

一番無難なのはロールカーテンかな。

ちなみにロールカーテンにしても
ひっかきます。
いつも心に諦観を。

＊**裏窓**：1954年にアメリカで製作された映画。監督はアルフレッド・ヒッチコック。出演者にジェームズ・スチュアート、グレース・ケリーほか。

＊**ケリーバッグ**：女性用ハンドバッグの一種。グレース・ケリーが使用していたことをきっかけに、この名称が付けられた。

Q 21

段ボールとかカゴとか、やたらとモノに入りたがるのは何ででしょうか。体がはみ出すくらいの小さなサイズのものに得意気に詰まっているのもよく見かけます。

狭いところがネコの基本でしょ。

草食動物と違ってネコの目は平面で、左右や後部の視界はない。したがって無防備になる睡眠中などは壁が1面よりは2面、2面よりは3面ある場所を好む傾向がある。イヌは複数で行動するためか平らな場所の真ん中でも平気で、ネコはよほどのことがないかぎり部屋の真ん中などで寝ることはない。

もっともこれにも例外があって、袋や箱に入れるとパニックになるネコもいた。オトナになって保護したので素性は分からないが、袋に入れられて捨てられたか、小さい頃に箱に入って酷い目に遭ったのかもしれない。

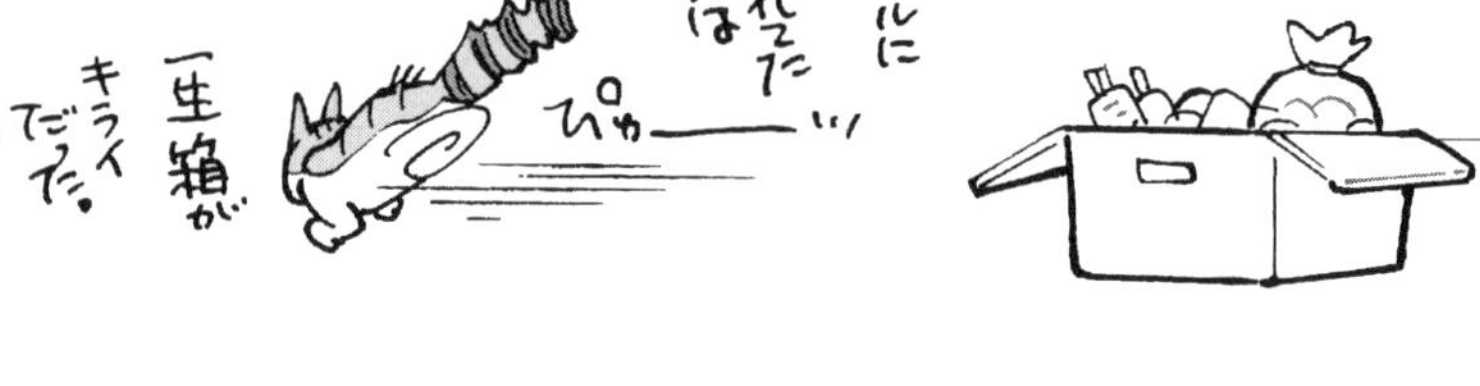

毎日は
昨日の
続きの
くり返し
決まった時間に
同じことする

Q 22

多頭飼いです。そのうち1匹が、日中はすぐ逃げてしまうのですが、夜になりほかの猫がいないと遠慮がちに甘えてきます。ほかの猫に遠慮しているのか、警戒しているのか、なぜ夜だけなのかなど、気持ちを知りたいです。もし何か不安を感じているなら、安心させてあげたいです。

きっかけがあるはず。

それはただの習慣から派生した行動。夜とか昼とか限定して考えなければ、最初にそうするようになったきっかけがあるはず。

ネコは毎日同じ時間に同じことをする習性がある。だから決まった時間に同じ場所で寝ていたり、いつもと違う時間帯に思い立って抱っこしようと思ったら拒まれたり。毎日が同じ退屈な生活がネコにとってはストレスのない快適な生活だから、この質問の範囲内だけでは不安があるとは思えない。

Q
23

猫が毎日明け方になると甘えんぼスイッチオン状態で布団に入ってきて力強く体を揉んできます。可愛いですが、痛いです。これは私をお母さんだと思っているのでしょうか？

おっぱいを吸っていたときの名残。

母性を感じているわけではなく、幼児期に依存している特徴。家畜は幼形成熟［*］している動物であるため、このような行動が起こる。基本的にはコビー種（ペルシャなど）やセミコビー種（ブリティッシュショートヘアーなど）よりも、鼻の長い種類（シャムなど）のほうが顕著に見られる。

実はヒトがタバコを吸うのも共通の行為で、単にニコチン中毒なのではなく、おっぱいを吸っている名残らしい。だからタバコの太さがお母さんの乳首と同じ太さになっている。ご飯を食べるお茶碗も乳房の大きさがちょうど良いらしく、持ったときにしっくりくるお茶碗はひっくり返してみるとそんな感じがする。

おっぱいは出す必要ないから痛いのは我慢してあげて。

＊**幼形成熟**：幼体の特徴を有したまま成熟すること。

Q 24

我が家の猫は自分から「撫でて！」とすり寄ってきます。でも、撫でてあげるとうれしそうにするくせに、撫でたところをすぐに自分で毛づくろいし直します。せっかく撫でてあげたのに感じ悪いです。撫で方が悪いんでしょうか？

自分も誰かに髪の毛を触られたら整え直すでしょ！

適切な回答が見当たらない。不快に感じるのは自分のワガママでは？こういうこと言うと怒られちゃうのかもしれないけど、「せっかく」「してあげた」という飼い主のフレーズを耳にすると、つい指摘してしまう。「それって自分のエゴでしょ」って。

優しい獣医師なら「きっと手に臭いがついているから、よく手を洗ってから触ってあげましょう」とか言ってくれるかもしれないけど、自分なら「どこをどのように触ってほしいかネコにちゃんと訊くように」ってなるかな。

よしよしのあとは
セルフでステキ仕上げでしょ

Q
25

トイレの後始末、きちんと隠す子と隠さない子がいます。トイレの縁を一生懸命ひっかいて隠したつもりになっているようです。猫ってトイレを砂で隠すのが当たり前だと思うんですが、隠したつもりになっている子はどうしてできないんでしょうか？

サラサラで細かいトイレの砂を用意してやってほしい。

まず、トイレの後始末をしないネコだっているから。そして調査がされていないから、はっきりしたことは言えないが、個人的にはネコがウンチを隠すことが昔より下手になってきているような気がする。ネコ砂が市販される以前、川砂をネコのトイレに使っていた頃は、完全にウンチが隠れて見えないようになっていたことが多かったような。

実は年々、ネコのトイレ用の砂は粒が大きくなっている。ヒトの片付けやすさを優先しすぎているのだろう。砂の粒が細かいと掃除が大変とか言って、できるだけ手間がかからないほうが売れるから、メーカーもそんな商品を出してくる。できるだけサラサラで細かいトイレの砂を用意してあげれば、上手に隠せるようになるかも。ちなみに最近は誰も使わなくなったが「ネコババ」というのはネコがウンチを隠すことに由来している。

Q
26

スコティッシュフォールド(16歳メス)について。
最近、トイレの砂を新品に取り替えると、必ず食べてしまいます。
気が付いたときは止めているのですが、いつの間にか食べていて、
水皿に砂が落ちていたり、吐いたものに砂が混ざっています。
ボケているのでしょうか?
体にはどんな影響がありますか?

何らかの代謝の異常を疑うべき。

この質問の答えの前に一言。スコティッシュフォールドは繁殖すべき種類ではない! このことは20年以上前から言っているけど、いっこうに止まらない。突然変異のネコを見て可愛いと思うのはなんて残酷なことか。エレファント・マンの時代から何も変わっていない人間の性かな。

で、本題の異食癖。高齢になってから出た症状であれば、まず何らかの代謝の異常を疑うべき。砂の種類を変えると治まることもある。

毒性はほとんどないだろうが、消化器の粘膜を傷つけるので食べないように考慮すべき。

売れ残りのもんさはスコティッシュのミックスと云うふれこみ。
唯一それっぽいところはいわゆるスコ座りが出来たことかな。

Q
27

イソジンでうがいをしていると猫が飛んでやってきます。口に入らないように気をつけてますが、猫が好きな臭いなのでしょうか？

メンソレータムやイソジンが好きなネコはたまにいるよ。

我が家のコモモも湿布によだれを垂らしてスリスリしていた。ただしイソジンはヨード系の薬物なので、ネコの口には入らないほうが良い。

そして残念ながらどうして特定のネコだけがこういった化学物質に反応するのかは分かっていない。

無理矢理仮説をたてるならば、ネコのヤコブソン器官に関係しているのかも。これは嗅覚とは別で、性ホルモンなどの体外ホルモン（フェロモン）の受容器なんだけど、それがたまたま反応してしまう体質を持っているのかもしれない。

Q
28

去勢手術を済ませているのですが、オス猫のマーキングが酷いです。気が付いたらすぐに掃除して、できるだけ綺麗にしているつもりです。トイレの数も可能な限り置き、朝晩のトイレ掃除も欠かしません。空気清浄機をフル稼動させていますが、オス独特の臭いがします。この癖は何とかならないものでしょうか?

去勢手術をしても5%くらいのネコがマーキングをすると言われている。

そして飼育頭数が多いとその確率は上がってしまう。また単独でも、外部から去勢や避妊手術をしていないネコの臭いが持ち込まれると、マーキングが始まってしまうこともある。逆に去勢手術をしなくてもマーキングをしないネコもいる。

そんなことはさておき、今回のケースはオスの臭いが残っているとのことだが、睾丸はちゃんと2つ取ってもらえているだろうか? おなかの中に一個睾丸が残っている場合は去勢をしてないのと同じなので、マーキングに独特の臭いが残ってしまう。もし2個ちゃんと摘出できているのであれば、この状況を改善するためにはホルモン療法しかない。

オスの臭いは空気清浄機などではとうてい除去できないので、獣医に細かく説明をして薬を処方してもらって!

Q
29

私は肌が弱いので市販の化粧品は使いません。代わりにベビーオイルやオリーブオイルを使っていますが、寝ている間に手や顔を舐められます。猫に害はないでしょうか？

舐めたら駄目！

この質問、実は一度入稿したんだけど、間違いを後から見つけて、全部書き直した。化粧用のオリーブオイルと食用のオリーブオイルは同じだという前提で答えたが、ケミカルの会社の方に別物だということを後から教えていただいた。

ということで、舐めたら駄目！　細かい理由はここでは書ききれないけど。あと、食用のオリーブオイルだとしてもネコには与えないほうが良いだろう。たまに胃に毛玉が溜まらないようにという目的で定期的に飲ませているヒトがいるが、カロリーの問題があるから避けるべき。中には下痢をしてしまうネコもいる。

こんな機会がなければ知り得なかっただろうが、本やインターネットでは知り得ない生きた情報は直接ヒトから教えていただくことが重要なんだろうな！

Q30

猫が頻繁に下痢をします。
子どものお友達が来ただけで隠れてしまい、
その晩や翌朝、下痢をしてしまいます。
『節分の日』に家で豆まきをしたときも、翌朝下痢でした。
獣医さんに行っても特に問題はないと言われましたが、
やはりストレスが原因なのでしょうか？
家が狭く、猫専用の部屋も作れず、どうしたら良いか悩んでいます。

下痢って原因が一つとは限らない。

そしてウンチの検査をしたからと言って簡単に治療できるものでもない。キャットフードの歴史をみても、そもそも下痢をしないように工夫することから始まり、そうしているうちにたまたまオシッコに石がたまらない方法が見つかったなんていうこともあった。

精神的な原因であれば、不安を感じさせないような薬の処方で治まったりするけど、それ以前に豆まきなんて鬼が出てきて、子どもを脅して怖さを知らしめる行事なんだから、臆病なネコに理解を求めるほうが非常識では？　別に専用の部屋を用意しなくたって毎日平穏な暮らしをする努力をしたら簡単に改善するんじゃないだろうか？　たとえばネコ専用のケージを用意して、子どもの友達が遊びに来るときはその中に避難させるとか。ネコは狭いことは決してストレスにはならないから。網があることで生物学的距離がとれる分、部屋が大きくなったのと同じ効果なんだよ。

初めての場所でもテント ひとつでたいていの子はおちつきます。

Q 31

オスの猫が発情期のときにたくさん鳴くのは何か理由があるんですか？

この質問、まず前提が間違ってる！

発情期というのはメスに対して使うのであって、オスはそれに連動しているだけ。メスが発情しなければ、基本的にオスの繁殖行動は誘発されない。鳴く理由というのは答えられないが、近くにいる個体に対して、それがオス（同性）であれば自分のほうが遺伝的に優れていることを証明するためだろうし、メス（異性）に対してであれば「子孫を残したければ、前に出てきて下さい」なんだろう。

基本的にネコの鳴き声は、イヌ（オオカミ）の鳴き声と違って伝達の目的は含まれていないとされている。でも、おそらく大きな声で鳴いているのにはきっと意味があって、人間のオスがギターを持ってシャウトしているのと同じなのかもしれないね！

Q
32

猫がお尻（尻尾の付け根）をペンペンしてほしいとおねだりします。優しく叩いてあげているんですが、問題ないでしょうか？

それは性感帯の刺激だよ。

　エッチに聞こえるかもしれないが、動物の分泌腺の近くは比較的神経が過敏。たとえば脇の下をそっと触られるとくすぐったいよね？　でも、ある一定の強さで触られると逆に気持ちが良いはず。ヒトの場合は脇の下に分泌腺が発達していて、その近くが一番感じてしまう場所。ネコの場合は尻尾の付け根の背側に分泌腺があるから、そこが一番感じてしまうんだ。多少強めに触ってあげたほうが喜ぶネコと、ちょっと触っただけで怒ってしまうネコがいるのは個体差。我が家のウドン（オス）のように、端から見たらいじめているのかと思うくらい強烈に叩いてあげないと、喜ばないネコもいる。

　ちなみに顎の下と耳の付け根も同じような器官の場所だから、触ってもらうと喜ぶはず。どのくらいの強さが好きかは自分で判断して！

ふぅ
胡ぼん君は
自ら じゃぼんと浸かる。

Q33

シャワーを出すと怖がって逃げてしまいますが、シャンプーはしてあげたほうが良いですか？

シャンプーをするくらいなら部屋を水拭きで掃除して！

そのネコなんか臭いある？　去勢手術したネコがなんか臭いなら体調がかなり悪いはず。基本的にネコは皮脂腺が発達していないから、体を洗わなくてもイヌみたいに体臭は感じないはず。毛の長いネコでもコームで整えるだけで、シャンプーをしなくても管理できるはずだけど？　ネコが水を嫌うってほとんどの飼い主が先入観を持っているようだけど、ネコだって泳ぐことはできるし、トルコのヴァン湖にいたネコは好んで水に入ったと言われている。ただしシャワーのように音がすると怖がるのは当たり前じゃない？　子どもだってシャンプーは嫌がっても、喜んで水遊びするよね。

もう一つ。皮脂腺が発達していないということは体の表面の油分は少ないから、シャンプーで洗ってしまうと、皮膚そのものの抵抗力も低下してしまう。顔の脂分を鬼のように取る女性もいるけど、油分が多い皮膚のほうがシワって増えないみたいだよ。シャンプーをするくらいなら部屋の水拭きを。水が水溶性の汚れなどを吸着するので、ネコの安全のためにも雑巾掛けが一番大切。

トゥさん♡
ぐ〜ぐ〜

Q 34

黒猫（3歳オス）を飼っています。毎朝、抱っこをせがまれますが、抱っこをすると必ず肩や腕に甘えながら噛みついてきます。なぜ噛むのでしょうか？

ずばりあなたのことが好きだから。

メスネコが噛みつくのは母性に起因している場合が多いんだろうけど、オスの場合はオトコとしての愛情だと理解してあげてほしい。

ヒトの場合、イギリスの動物学者デズモンド・モリスが言うように、好きなヒトがいたとしたら手を使って接触したいと思うのが当たり前。社会的なルールで抑制されているだけで、恋人同士は他人が見ていなければ触り合っていても普通。手でものがつかめるんだから、そのまま相手を引き寄せることだってできるけど、ネコは手の変わりに口で相手を引き寄せようとするのが道理。愛情表現の違いって難しいね！

Q 35

先生の奥さんがくるさんの家のポッちゃんを保定するとき、耳をつまんでいますよね。猫は耳の温度が低いから、つまれたら大人しくなるのでしょうか？

どんな動物でも耳をつかまれるとおとなしくなってしまう。

たとえばウマを動かないようにする道具で耳捻棒《じねんぼう》というものがある。暴れるウマをなだめて落ち着かせたりする道具で、棒に環状の紐がついているだけの単純なもの。奥さんは乗馬のインストラクターなので、ウマを押さえつけることに比べたら、ネコの扱いなんて容易いんだと思う。耳の温度は関係ないだろうけど、神経的には落ち着く感じがする。

ただし、ただ耳をつまむのではなくて、頭部を空間的に一ヶ所に固定するイメージが大切。頭を動かさないようにすることがコツかな。と、言ってもできないヒトはとことんできないし、最初からパッとできるヒトもいる。生まれつきその感性を持っているかどうかだろうけど、自分のネコくらい扱えるようにしてもらわないと、ネコ好きとしては恥ずかしいかな。

Q
36

猫が鏡の前でじっとしていることがあります。私がそれに気付いて鏡越しに目が合うと、気まずそうに目をそらしたり、よそ行きの声で寄って来ます。猫も自分の姿が気になっているのでしょうか？

ネコは鏡に映っている姿を自分だと理解している……と思う。

生まれて初めて鏡を見せて一瞬パニックになったネコもいたけど、だいたい冷静に臭いをかいでそのままスルーなことが多い。中にはうちのブリみたいに、鏡を見ながらグルーミングするナルシストだっていた。あいつがしゃべれたとしたら「ワタシってカワイイから」って言ってたと思う。でも鏡越しに目が合わないネコもいて、ネコがどのくらい見えているかは、実際には個体差が大きい。

動物と目が合うというのは、信号を授受したことになり、寄って来たり向こうへ行ったりするのは当たり前のこと。サルなんかと目が合ってしまったら、襲われても仕方ないので、よく覚えておいて。

Q 37

3ヶ月のオス猫が、よく人の足に噛みついて離れません。これって成猫になったら収まりますか？何か対処法があれば、教えていただきたいです。

飼い主の顔にも噛みつきますか？

ネコの大きさから考えてもらえば分かるけど、飼い主の足や手は顔から距離がありすぎるから、本人の体の一部だということがまだ子ネコには理解できていないんだ。ネコが成長していく過程でだいたいは認識していくんだけど、これが触り過ぎたりして過接触の場合、爪切りや注射ができない性格のきついネコになってしまうから注意してほしい。触り方にもよるけど、ヒトがウマみたいな大きい動物に触られまくったら嫌なのと同じで、ネコも大きいヒトに触られ過ぎたら拒否反応を起こす。

対処法は足にじゃれついているときに、自分の顔でネコを遠ざけてもらいたい。いまいちイメージがわかないかもしれないけど、手でふりはらったり、きゃーきゃー騒いで逃げたりすると逆効果になってしまうので、だまってネコに顔を近づけてみて。長い髪の毛にはじゃれるだろうけど、顔に噛みついてくることはないはず。当然そのときにネコの目を見たままじゃなければ駄目だけど、きっと噛みつくのをやめるだろうから。

Q 38

猫が夜中3時過ぎに鳴きながら起こしに来ます。ご飯かと思えば違うし、遊びたい様子です。昼間疲れるまで遊ばせたうえで、昼寝を阻止してもだめでした。何で騒ぐのでしょうか？

ネコは昼間に寝て夜に活動するのが基本。

実際には一日に数回、睡眠の時間と活動の時間を繰り返しているから、「昼間ずっと起きていて夜だけ寝てる」なんて都合の良いようには生活できない。ただネコにも当然個体差はあって、明け方が得意で一人で遊んでいることもあれば、朝自分が仕事で早起きしても、知らん顔で足元で寝ている図々しいのもいる。でも「夜中に起こされるからどうにかしてほしい」という質問はよくあるが、だいたいは飼い主の責任が半分。夜中に遊んでいるからといって自分も起きて、めんどくさいから何か食べさせれば静かになるんじゃないかと思って給餌したりするケースが多い。そうなればネコからしてみればしてやったりで、次の日からまた同じことをするようになる。

我が家ではそんな問題を抱えたことは一度もない。なぜならネコが走り回ってようが、寝ているところにちょっかいかけられようが、自分が寝ている時間は完全にシカトだからね。

Q
39

我が家の猫は猫ジャラシを使ったり、指トコトコをしたりすると、首をグルグル回します。こんな行動、ほかの猫もするのでしょうか？

多かれ少なかれ、みんなするはず。

フクロウやネコは2つの目が正面に並んでいて、獲物を見つけたときにその距離感（深度）を測るために首を左右や上下に動かすのが普通。知能の高い動物は物事を平面では捉えないから、その後ろや横がどうなっているか気にするはず。パソコンや携帯ばかりで、物事を平面でしか捉えていないヒトは、もしかしたら情報処理能力はネコ以下かもよ。実際、目の裏側にある網膜は、止まっている影よりも動いているもののほうが電気信号量が多いらしい。と、いうことは顔を動かして目の位置を移動させることで、目の前にあるものはよりよく見えていることになる。そう、ぼーっとしているのに、突然床を走るゴキブリにハッとするのはそのため。

あと、この質問とは直接関係ないけど、最近はいろいろなネコの玩具が売っているようで、でも安全基準などの規格はないから、間違ってネコが食べてしまう事例が増えている。この間もネズミの玩具を飲み込んでしまったネコの開腹手術をしたばかり。消費者庁に規制をつくってもらう、とかじゃなくて、常識の範囲で遊び方を考えよう！

Q
40

**見つめ合っているときの猫のまばたきについて。
愛情表現のスキスキビームだと書いてある本もありますが、
先生はどう思われますか？
特に眠る前は長くぱちくりしてくれて、
いろいろ話し掛けてきてくれているように思います。**

ネコは普段は そんなにまばたきはしない。

だけど、かなり眠いときは頻繁にまばたきをするかもしれない。ネコの名前を呼んだときに、まばたきで返事をするということはよくあるんだけど、それは愛情表現というより、何か言いたいことがあると解釈すべきだと思う。目は口ほどにものを言っていて、ネコの目と耳の角度には、感情の情報がてんこ盛りのはず。『ライ・トゥ・ミー』というアメリカのテレビドラマに、犯人の表情だけでウソ発見器以上に真偽を判定する話があるけど、ネコの目つきだって、十分いろんなことが分かるはず。

たとえばうちでは「ゴジラ目」と呼んでるけど、ネコがふてくされているときによくする目がある。あのゴジラのように上のまぶたがふくらんでいて、機嫌が悪いのが一目瞭然。そこんとこが分からないとネコには嫌われてしまうだろうな……。

Q 41

飼い主が食事を始めると、必ずと言って良いほどトイレをする猫がいます。何か理由はあるんでしょうか？

食べ物の匂いをかぐと胃腸が動き出すような反射ができてしまったのかな？

排泄は特定の事象と関連づけられてしまうことがある。たとえば、キャリングケースに入れて出かけようとすると、決まって車の中で排泄してしまうとか、トイレの砂を新しく交換したと同時にトイレに入って排泄するとか、決まったヒトが部屋に入ってくると排泄するとか、いろいろ……。イヌと違ってネコは一定の場所で排泄をするのが習慣の動物なので、トイレをしつける必要はない。よく里親募集のネコに「トイレしつけ済み」って書いてあるけど、「これはしつけじゃなくて習性なんだけど」っていつも思う。

でもこんな質問のケースの場合、違うタイミングで排泄をするようにしつけるのはけっこう困難かもしれない。ヒトに見えない場所にトイレを設置することが一番無難な方法かな。

Q42

私がトイレに入ろうとすると、猫も一緒に入ってきます。私が便座に座ると、太ももの上に乗ってきてゴロゴロ、スリスリ。基本、大人しく抱っこされたがるのは人間のトイレでだけです。トイレが好きなのでしょうか？

トイレが好きなのではなくて、毎日同じ場所で同じことをするのがネコ本来の行動。

たぶん最初にトイレに入って来たときに抱き上げて、用を足したんじゃない？　同じことを何度か繰り返して、ネコが嫌がらないようであれば、次からその行為を要求するようになっていくはず。ただ、抱っこに関してはその仕方にもよるのだろうけど、嫌いなネコはとことん嫌うし、好きなネコはいつまでも抱かれていたりする。みんなそれぞれクセがあって、我が家のウドンはちょっと変わったルールがある。私が寝室に向かって歩き出すと、決まって私を追い越して先にベッドの上で待っている。いや、待っていなければいけないようで、タイミングが合わず私が先にベッドの上に乗ってしまうと、不機嫌になってどこかに行ってしまう。仕切り直してリビングに戻り、椅子に座ってから名前を呼ぶと、どこからともなく走ってきてベッドに向かう。仕方なしに私もベッドに行って横になると、満足そうに薄目を開けている。ネコってめんどくさいね！

Q 43

悪さをしているところを見つけて「またやったでしょ!」と怒ると「ニャゥアウゥ……」とか言いながらソソと逃げて行きます。猫なりに言い訳をしているのでしょうか?

誰の基準で悪さと決めているの?

ネコ目線でみたら良かれと思ってやったことかもよ? ヒトでもそうだけど、国によってルールが違っていて、自分の目線では悪いと思うことでも、その国ではたいしたことなかったりする。誰かの行動に対する評価って、すべて自分の経験と尺度で測っているよね。ネコに対してだって同じはず。私は小さい頃から動物好きの母親に「ネコを追うより皿を引け」[*]と教わった。小さい頃は意地悪なことのようで、間違っていると思っていた。でも今年で獣医になって30年、やっと母親の言っていたことを理解して自信を持って世に伝えられるような気がする。本題から離れてしまうけど、先日、外のネコに餌を与えていた老人が病気で入院してしまった。老人にしてみれば外のネコを餌付けることは悪いこととは思っていなかっただろうが、近所の自治会では手をやいていた様子。その後、誰もネコの面倒をみるヒトがいなくなってしまい、困った自治会長さんが自ら引き取ることに。外ネコに餌をやることはどこでも問題になっていて、地域ネコと称しているヒトたちにとっては良いこと、庭に糞をされて困っているヒトにとっては悪いこととなる。良いことか悪いことか、ヒトの価値観によって180度変わってしまうことは、たくさんあるけど、ネコと暮らすときのルール作りもお互いの言い分をすり合わせるしかないな。

*「**ネコを追うより皿を引け**」:ネコを追い払うためには、餌の載っている皿を取り除くことが先であることから、物事の根本原因を解決しなければ、効果がないことのたとえ。

Q
44

メスの猫が、抱っこをすると人の手や手首のあたりをペロペロと舐めてきます。これはどういう意味があるのでしょうか。

我が家のなめネコは代々オスだったけどメスでもいるんだよね。

ネコを含めて高等なほ乳類には、お互いを舐めあったり、毛づくろいをしあったりする「アログルーミング」と呼ばれる行動が見られる。同種の動物同士が世話をしあうことができない下等な種類だと、それが平気で共食いになってしまうことさえある。この質問の場合、飼い主を舐めているネコの行為が、アログルーミングかというと、ちょっと微妙。ネコがヒトに対して関心を持ってなくても、過度に舐めてくることがあるから。たとえば特定の臭いを気にして舐める場合。メンソールや化粧品の臭いが気になっていつまでも舐めているネコもいる。よく聞くのは、肩こりの薬を塗ると、その場所をいつまでも舐めて困るとか、ハンドクリームを塗った手を舐められてしまうといったようなケース。そんな場合、その臭いが嫌いだから消し去ろうとしているのか、その臭いが好きだから舐めているのかは、ネコに確認するしかない。おそらく多くの飼い主は、「ネコは愛情を表現するために舐めている」と思いたいだろうし、その可能性もないわけではないけど、臭いが嫌でそれを消し去るために舐めているだけかもしれない。ネコって難しいんだよね。

＊**「急告!」**：最近アメリカで、ネコが肩こり薬を舐めて中毒症状を起こした報告があった。ネコが舐める危険がある場合、鎮痛成分の入った肩こり薬は使用を控えていただきたい。

Q 45

猫が壁やソファをひっかきます。置く爪研ぎを設置しているのですが、使ってくれません。爪研ぎが悪いのか、単に私のしつけが悪いのか……。うまく爪研ぎを使ってもらえるコツはありますか？

爪研ぎはしつけの問題じゃない。

爪を研ぐ行為は磨いているわけではなく、「ここは私の場所」という意思表示の意味で印をつけていると思ってほしい。だからその場所は、部屋の中の比較的目立つところや、ネコがいつも生活をしている範囲の動線上のどこかのはず。今、置いてる爪研ぎの場所は、目立たない場所じゃない？ だからソファよりも目立つ場所にまず設置し直してもらいたい。あともう一つ、その爪研ぎの材質について。いろいろな種類を試してみたけど、やっぱり固めの段ボールで、ちょうどネコが乗れるサイズのものが好まれる傾向がある。そんなに高価ではないので、ぜひ試していただきたい。逆に爪で傷つけてほしくない場所は、光沢のある素材で覆うと良い。ネコはザラザラとした質感のところで爪を研ぎたがるから。我が家にはもう20年以上前から使っている段通［*］のラグがあって、なんと言ってもこれが最強の爪研ぎ！ 今までネコが好き放題に爪を当てているけど、全くほつれてこない。買った当時、そんなに高価だった記憶もなかったが、もう一枚と思って探してみたら、びっくりするような値段だったので、このまま一生使うつもり。何でもそうだけど、安いものってそれなりの価値しかないから、必要なものは無理してでも良いものを買うべきなんだろう。

＊**段通**：手織りの屋内敷物用の織物のこと。

Q 46

近所でよく猫が集まっている場所があって、たまに〝猫の集会〟をしているのを見ます。集まって何か話をしているんでしょうか？ それとも習性？ 猫って神秘的だなあ……って思いながら見ています。

ネコもヒトのことを神秘的に思ってるだろうね！

今回の質問は『ネコはなぜ夜中に集会をひらくか―イヌとネコの行動学入門―』（小学館文庫）という書籍の著者、小原秀雄先生に回答は譲るとして、実は以前、その集会の事実を確認しようと思って出かけたことがある。ところがそれは、ネコが自発的に集まっているのではなく、餌付けしているおばさんから、食事をもらえるのを待っているネコの集団だった。それ以来、本当にネコは集会をするんだろうか？ という疑問は持っている。我が家でも、食事の時間以外で、なぜか全員集合していることがあるから、おそらく本当に集会をする習慣はあるのだろうけど……。

ヒトの場合だって私からすると、何でそんなことするの？ という疑問がある。最近一番不思議なのは、いわゆるSNS！ 自分の食べている食事をどうしてわざわざ写真に撮ってみんなに見せるの？ 自分はこんなことが好き、ということをヒトに見てもらわなくてはいけないの？ 用件があるときに電話をするくらいしか通信手段を使わない私にとって、フェイスブックをしてるヒトのほうがすごく神秘的なんだけどなぁ。

くるね子が訊く！ 2

猫がトイレをした後にハイテンションになる「トイレハイ」。カーテンを駆け上がったり、「ばりょばりょ」と爪研ぎをしたり、ひたすらランニングをしたり。ぼん、胡ぼん、胡てつが特に「ひゃっはー！」します。これって何でしょうか？　医学的な根拠はあるんでしょうか？

オンナのヒトはしないのかもしれないけどヒトもオシッコをした後にブルッと身震いすることがある。

　これは医学的には、オシッコが体外に出て体温が奪われてしまうので体を動かして体温を上げるためだと言われている。が、私は以前からこの説に疑問を持っている。というのも、

①毎回、同じように反射が出るわけではなく、身震いをするときとしないときがある。生理的反射なのであれば決まって毎回するはずだし、ウンチをした後だって起こるはず。

②膀胱内に蓄積された尿が体外に出たからといって、体温が低下するとは考えにくい。

③ネコがオシッコをした後に走り回るのも、体温を上げるためだとい

う説もあるようだけど、その根拠はどこにも見当たらない。

ということで、猫医者学説!? ヒトの場合、オシッコの後の身震いは男性特有の反射のような気がする。統計をとったわけではないけど、たぶん。男性にあって女性にないのは前立腺。前立腺とは男性の尿道に付属していて、精液を作る器官。冬場の寒いときにその周辺の体温は下がっているはずだけど、オシッコは温まっているので、前立腺は温度差を感じてしまう。したがってそれが引き金となって、何らかのセンサーを刺激してしまい、身震いが起こる。さあどうでしょう、この仮説。

本題のトイレダッシュ。ネコの場合、排泄の後に興奮して走り回るのは性別に関係なく、大小の排泄の差異もない。ネコは排泄物を隠す習性があるので、その臭いが嫌で遠くまで走って離れる、なんていう意見も聞いたことがある。個人的な経験からすると、小のときよりも大のときのほうが走り方が激しいような気がするから、あながちこの考え方も間違っていないのかも。でもヒトがオシッコで身震いするのと同じような生理的な反射であれば、臭いを感じたから走り始めるという道理は合致しない。トイレにほかのネコのウンチが残っていても、その臭いをかいで走り出すネコはいないのだから。そういえば、排泄の後に走り出す感じと、夜中に突然走り出すそのハイ加減は似ているんではないだろうか?

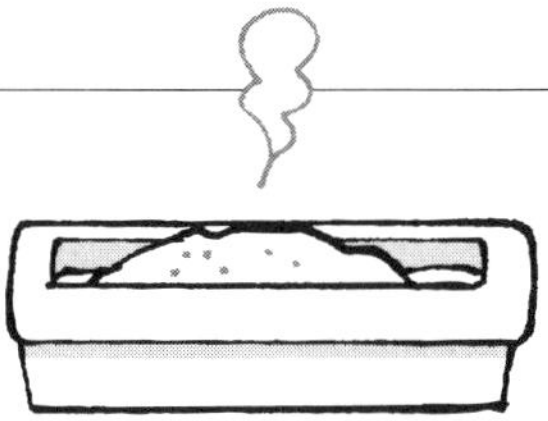

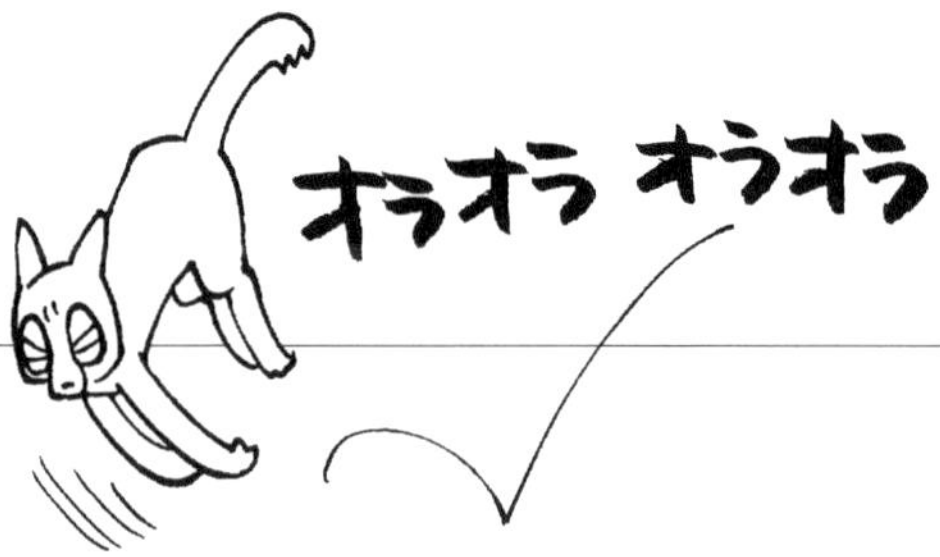

思い返してみると、我が家にいた歴代のネコでスモモ、グレキチ、ファルコは運動会もトイレダッシュもしなかった。スモモはメスでそれ以外はオスだから、性別は関係ないようだ。この3人の共通点は、全員オトナになってから保護したネコで、正確な年齢は分からない。ただし野良で百戦錬磨してきたせいか、どっしりとした落ち着いた性格で、ほかのネコに対しても優しく、威厳すら感じるほどのネコたちだった。ほかのネコたちが走り回っていても同調せず、薬を飲ませたり、採血するときですら落ち着き払っていた記憶がある。野良だった頃のグレキチは痩せているときでも体重が6キロ以上あり、我が家の周辺では大きなボスネコがいると誰もが知っているくらいだった。用意周到で罠をかけても捕まらず、捕獲するまで7年の歳月がかかり、傷だらけで動きが鈍くなっていたところを無理矢理部屋に追い込んで捕獲した。ファルコは全身疥癬《かいせん》で、道路の真ん中で身動きが取れないでいるところにキャリングケースを置いたら自分から中に入ってきた。スモモは近所の学生が飼っていたネコで、3キロ以上離れたところに引っ越していったはずが、元の家に戻ってきてしまい、保護して我が家のネコになってしまったというのが経緯。みんな我が家の一員になって、ほかのネコたちから一目置かれた存在だった。ということはボスキャラのネコは唐突に走り出すスイッチを持っていないのかもしれない。いや、持っていたのだけど過酷な野良生活を精神鍛錬で乗り越えて、余計な挙動を自分で抑制できるようになったのかもしれない。そう言われてみれば過酷な修行をした高尚なお坊さんは何事にも動じず、絶えず平常心でいられる。ネコが、夜中に運動会で走り回ったり、トイ

レの後に興奮して走り回ったりするのは、煩悩が引き起こす迷い的な行いという解釈もできるのかな?

無理矢理な結論で申し訳ないが、獣医学的な根拠というのにはデータも足らないし、もしネコに直接聞くことができたとしても、その理由を説明できるとは考えにくい。ただ、すべてのネコがトイレダッシュをするものではなく、迷いもあるのかもしれないけど、走り回る行為をすることは、言い換えれば苦労を知らず、平々凡々と幸せな暮らしができている証拠で、それは羨ましい生活なのかも。でもヒトの社会ではなんの苦労も知らずオトナになってしまうのは、ただの世間知らずで、苦労をしてないからこそ不安がいっぱいできてしまう。「獅子は崖から子を落とす」じゃないけど、今の社会は苦労をする機会が少ないから、昔よりも自分から進んで苦労を見つけないと、一人前になれない時代になってしまったのかもしれないね。

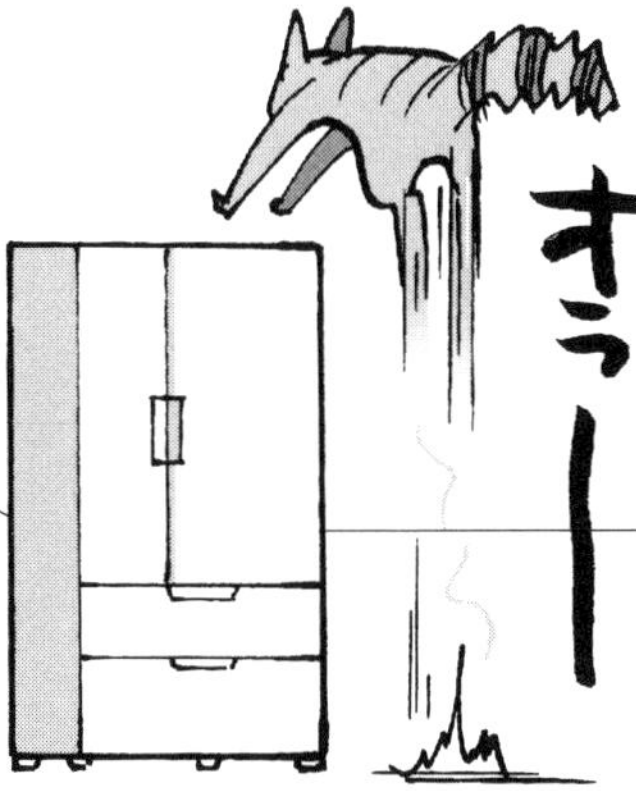

第3章

食を訊け!

日々の生活に欠かせない、元気の源＝ごはん。
それは一緒に暮らす飼い主に委ねられています。
ずっとずっと健康でいてほしいから、
大事な“食”のこと、しっかり知っておきましょう!

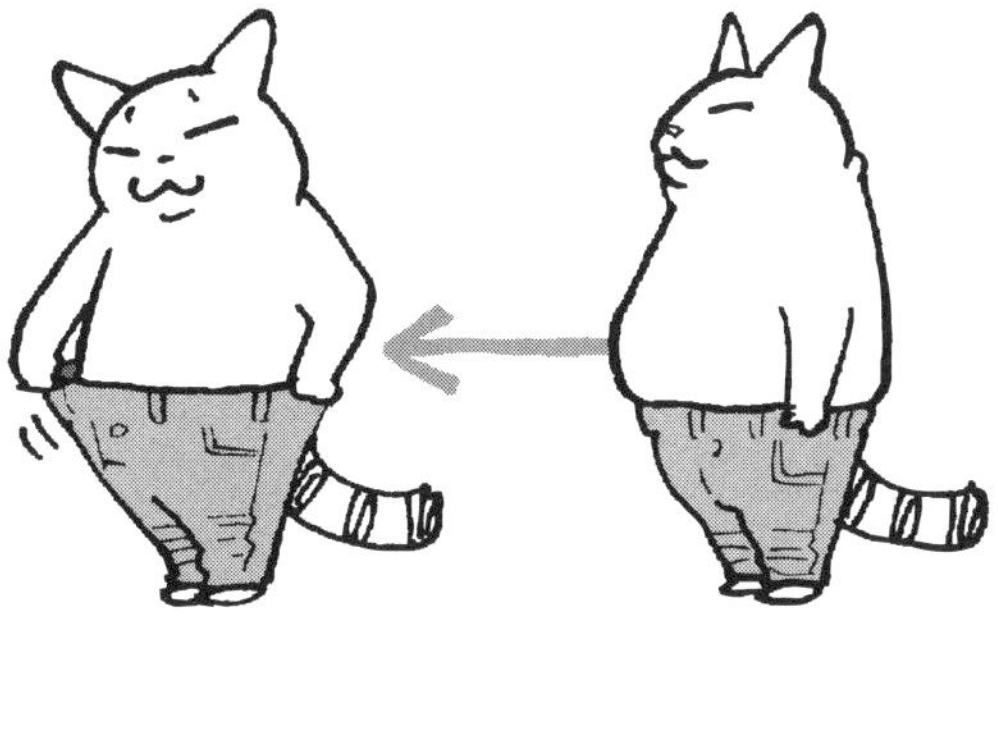

Q
47

市販の牛乳を飲ませるとおなかを壊すって本当ですか？
猫用ミルクと何が違うんでしょうか？

平安時代からネコに牛乳を飲ませる思考は変わらないんだなあ。

ネコは乳糖を分解する酵素を持っていないと言われている。普通に市販されている牛乳には乳糖が含まれているから、ネコは消化できない。牛乳を飲むとおなかがゴロゴロしてしまう日本人は、カゼインを分解できない体質なので、ネコの理由とはわけが違う。

一般的なネコ用のミルクに乳糖は含まれていない。

宇多天皇も「寛平御記」で
毎旦給之以乳粥
「黒猫に毎朝乳粥を与えている」と、
記している。

Q48

食事後、すぐに吐き戻しをすることがあります。食事量を調節しても吐くので、胃が弱いのだと思います。どのようなことに気をつければ良いでしょうか？

ネコは自分で食事の量を調節していない！

嘔吐の理由はかかりつけの獣医に診てもらうこととして、ネコが嘔吐する原因は、消化器系の問題と中枢的な問題とを分けて考えるのが一般的。食後に嘔吐するからといって、胃が悪いとは一概には言えない。環境の問題も考慮しないと。室温が急激に変化しただけで嘔吐をすることさえあるからね。

ネコはリアルであって文字の上の存在じゃない。進行形の病気のことは、そのネコを診察していない私が言えることは限られてしまう。かかりつけの獣医に診察してもらって！

Q
49

意外に知られていない、猫が好きそうなもので、実は与えてはいけない食べ物はありますか?

代表的なのはカツオ節!

ネコに与えるものは新鮮でないと駄目。簡単に言うと酸化した食べ物がネコにとって毒。干物などは塩分の問題も含めてネコには与えないでほしい。ネコの好物ではないけど、与えてはいけないものは、チョコレート、お茶、コーヒー、お酒、といったヒトが普通に食べているもの。ネコの肝臓はヒトと機能が違うから、特定の化学物質を上手に分解できないんだ。

でもこの質問で一番の問題は、「ネコの好きな食べ物」という先入観の問題かな。自分が思っている「ネコの好きな食べ物」を与えたいという願望が、ネコにとっては一番の負担。ネコが美味しそうに食事をしていることで満足するのは、飼い主本人が優越感を覚えているだけで、ネコに対しての愛情は感じられない。少なくとも最低限ネコの栄養の知識を踏まえたうえで、ネコの食べ物を選択すべきだと思う。

Q 50

もうすぐ1歳になる子猫がいます。今は1日に3回ご飯をあげています。成猫になったら2回に減らしたほうが良いのでしょうか？

ネコの食事は1日1回でも良いんだから！

ネコには胃が1つしかない。動物にはいろいろいて、牛は4つ胃があり、金魚には胃がない。ヒトやネコは1つの胃を持ち、これらの動物は空腹の時間、簡単に言うと胃の中が空っぽの状態になる時間が必要とされている。一般的にはネコは1日に8時間くらい胃を空っぽにしてやらないと、健康が維持できないと言われている。食事をちょろちょろ何回も食べると、体のpH［*］がうまく調節できなくなってしまうし、胃腸反射で便を排泄するタイミングもずれてしまう。1日に3回だと、消化するまでの時間を考えると胃の中を1日8時間空っぽにすることはできない。だから最大限1日に2回の食事ということになる。当然おやつなんかはNG。またドライフードの場合だと、一度に食べてすぐに吐いてしまうという相談をよくされる。胃の出口が細いネコ（病名でいうと幽門狭窄《ゆうもんきょうさく》症）なんかに多いようだが、病的な症状ではないことがほとんど。フードの種類を変えてみたり、ドライフードでも少し温めてあげてみたりして、工夫したほうが良い。

AM 7:00
PM 7:00
うちのカーサン
キビシーです

＊pH：水素イオン指数。
酸性、アルカリ性といった水溶液の性質の程度を表す単位。

Q
51

猫がごはんを一度に全部食べるのではなく、ちょこちょこ食べるため、我が家ではフードを置きっぱなしにしています。問題ないでしょうか？

大きく分けて2つの問題がある！

1つはフードが酸化してしまう問題。キャットフードの一番の大敵は酸素。体にとって酸素は、なくては生きていけないんだけど、実は酸素が体をどんどん蝕んでいく。同じように食べ物も酸素に当たっていることで、どんどん劣化してしまう。よくお菓子のパックの中に「エージレス」という小さな袋が入っているけど、あれは湿気をとるものではなくて、酸素を吸着する成分が入っている。だからキャットフードも、空気にできるだけ接触しないように保管すべき。

もう1つはネコの体にとっての問題。食事の回数は少なければ少ないほど老化は進まないと言われている。ちょこちょこ食べるような癖をつけてしまったのは、単純に飼い主の管理ができていないから。そう言うとまた、「だってうちのネコはちょこちょこしか食べないから」と「だって反論」をうけるが、努力が足りなかったと率直に反省して下さい。

Q 52

猫用のおやつっていろいろありますよね。種類が多くて何を買えば良いか迷ってしまいます。オススメのおやつはありますか？

ネコにおやつは一切必要ない。

こういうことばっかり言うから雑誌の取材もなくなっていくんだろうけど、本当のことだからしょうがない。昔は動物の曲芸なんかの見せ物では、上手に演じた後にいつも何かをご褒美に食べさせていた。でも、ロシアのネコのサーカスを見たら分かるけど、ネコは食べ物では釣られない。売れっ子の学者なら、「何かをもらえるというインセンティブでは、それ以上に親密なリレーション［*］はネコとは構築できない」なんて表現をするんだろう。私の場合は、アッシー君とメッシー君の話をして納得してもらっている。

以前バブルの頃、女性にご飯をおごるだけの彼氏をメッシー君と称した時代があった。男性からしてみると、女性を引き連れて高級レストランに行く優位性があったんだろうが、それを女性に「単純に胃袋を満足させてくれるだけの存在で、それ以上に発展することはないでしょ」と尋ねると深くうなずかれる。それと同じで頻繁にネコに食べ物を与えるヒトも、ネコには胃袋を満足させてくれる存在としか思われていない。女性ならこの意味が分かるはず……。

*リレーション：関係。

Q 53

我が家の猫は食が細いのですが、海苔だけはガツガツ食べるので、ねだられるとついつい与えてしまいます。インターネットでは賛否両論で、悪いのかどうかよく分かりません。海苔は与えないほうが良いのでしょうか？

何で余計な食べ物を与えたいの？

そんなに食べ物を与えたいなら、ネコじゃなくて金魚から始めてくれるかな。金魚には胃がないから、食べ物を与える時間とか割とルーズでも大丈夫だから。海苔の成分的な問題はマグネシウムが多いことぐらいで、賛否両論するほどの議題でもない。それよりも、ネコの食性から考えて不必要なものを食べさせることのほうが問題。あのパリパリした食感が面白いから、興味を持って口にするネコは少なくない。でも、そんなに何か食べさせるのは面白い？ ネコを飼うことは、ネコに食べ物を与えることじゃないんだ。ネコに何か食べさせるのは、決まった時間に決まったものだけで良い。それ以外でネコとのリレーションをとることに時間を割いてもらいたい。ペットを飼う経験として、まずは金魚からというのはすごく適切なことだと思う。食べ物を与え過ぎたら、水槽の水が傷んでしまうので、見て学習できる。命の重さとしてはネコも金魚も一緒だけど、死別時の感じ方は、ペット初心者や子供にも適していると思う。ただ残念なことに直接触れないから、満足できないかもしれないけど、生き物と暮らすという入り口としてはベストだと思う。それからネコにしてもらえれば、この手の質問は自分で解決できるはず。

Q
54

病院の先生に猫の状態に合わせたごはんを処方してもらっているんですが、母が「こっちのほうがよく食べるから」と言って、市販のフードを与えてしまいます。猫の体調を思うと心配でなりません。母を説得する何か良い方法はありませんか？

その方法を探すのが私のライフワーク。

あのアインシュタインでさえ、ヒトの考えを変えさせることはできないと言ったくらい難しい話。お母さんは何歳？　人間、年を取ると脳が硬くなって新しいことができなくなってしまうので、まずそこから。若いヒトは時間をかけて説明、説得をすると分かってもらえるのだが……。

獣医がネコの食事を選択するときは、エビデンス（根拠）が優先。だからフードメーカーの説明は鵜呑みにしていない。そこまで考えた上で処方していることは分かってほしい。だから、どうしてその食事が必要かを、根本から理解してもらわなくてはならないのだが、分かりやすく説明してもお母さんは理解する努力すらしてもらえないだろう。ではどうするか？まずお母さんの嫌いな色の洋服を買ってきて着てもらう。それができたら、連絡を。その次を指示するから。

Q
55

先ほどの質問者です。母の嫌いな色の服をプレゼントしたところ、初めは怒っていましたが、10日間ほど粘って傍らに置いておくと観念したのか着てくれて、意外と悪くなかったようで「これからはこの服を着て外出するわ」と言ってくれました。

それは大躍進！

実はこの方法は私が自分で心がけていることで、洋服を買うときにあえて苦手な色を選ぶようにしている。大げさかもしれないけど、物事を見る視点が変わったような気がしている。お母さんの視点を変えてもらうために面倒なことにご協力いただき感謝。で、たったこれだけのことをしてもらうのに10日もかかったのだから、本来の目的を成し遂げるためには、もう少し時間がかかる。次はネコに対して違う視点から考えてもらえるように努力してみる。①ネコがごはんをよく食べてくれて気分が良いのは、飼い主であってネコ自身ではないこと。②自分でもケーキやお菓子は喜んで食べるけど、麦飯を喜んで食べるだろうか？　だったら自分もおやつばかり食べていれば良いはずなんだけど、どうしてそうしないかの理由を考えてもらう。③おそらく「体に悪いから」と答えるはず。だったらネコが喜んで食べているものは、体に悪いんじゃないかと疑うようになるのでは？

ネコは残念ながら自分の体調を気にして食事を選ぶことはあり得ない。ヒトだって教育をされたから食事に気を使うのであって、知識が全くなかったら自分の好きなものだけ食べて具合が悪くなってしまうだろう。突破口は開いたはずだから、お母さんを説得してみて。

Q 56

猫に一番効果的なダイエット方法は何でしょうか？おもちゃを見せても寝ながらじゃれるため、運動にはならず、普段も寝てばかりなので、良い方法があれば教えて下さい。

ネコは運動しても痩せないよ！

イヌやヒトみたいに有酸素運動が得意な動物ではないから、運動で脂肪を燃焼させようとすると、その前に呼吸が止まってしまう。ネコの肥満の原因は1つしかなくて、単なる食べ過ぎ！　特に栄養素の中でも炭水化物が問題になる。ネコは個体によって炭水化物の消化率の開きが大きいから、同じフードを同じ量食べても体重の増加に差ができてしまう。最近のフードは単純にカロリー量を低くしただけではなく、全体の栄養バランスをキッチリ調節して、太りにくいような性質に変えているものがある。これは私自身が実践しているダイエットと要領は似ている。たとえば昨日、肉をたくさん食べてしまったのであれば、今日は炭水化物を取るようにする。つまり、アベレージでタンパク質と炭水化物と脂肪のバランスが取れるようにする。1日や1回の食事で偏りをなくすことは不可能なので、数日かけてその帳尻を合わせているというわけ。おかげで20年前のスーツをそのまま着られる。脂肪をとることを敬遠したり、炭水化物をとることを控えたりすることがダイエットだと思っているだろうが、それはその場だけの話で、長い目で見ると全体のバランスが取れていることのほうが大切。ただし、食べる量に関しては、当然管理しなくちゃいけないけど。

Q 57

いきなり今まで食べていたフードを食べなくなりました。別のフードを出すとがっつくほど食べたので、体調が悪いわけではないようです。猫もやっぱり同じフードばかりは飽きるのでしょうか？

フードって同じ袋で売っていても内容が変わっている場合がある。

日本国内で販売されているフードには、環境省が定める安全基準に基づいたものと、動物病院などで販売されている農水省管轄のフードがある。一般のフードは、原材料などの変更は消費者に通知されず、そのまま継続して販売されている。当然フレーバーの変更も知らされていないから、同じフードを突然食べなくなったという話はよく聞く。また、同じ袋に入っていても保存状態で嗜好性が変わってしまうこともあるようだ。フードを購入する際は信頼できるメーカーと信頼できる販売店を選択しないとね。

そしてそれらの原因とは別に、本当に飽きてしまうこともある。飽きるというメカニズムは分かっていないけど、ネコの場合は特に原因も分からず今までの食事を突然食べなくなることがままある。ただ、こういうケースで一番多い原因はフードの与え過ぎ！「食事の量が多くない？」と聞くとだいたい「そんなにあげてない！」って答えるが、それが要注意！「そんなに」ってどれだけ？ 具体的な量を示していない。グラム単位とまでは言わないが、せめて計量カップで量って食器に入れる習慣をつけよう！

くるね子が訊く! 3

ノラでガリガリだったトメと胡てつは、食にガツガツしません。残すこともあるくらいです。対して、人工授乳で大きくなった、胡ぼん、マル胡、胡ゆっきの3匹は、食い気のカタマリ。これってどういうことでしょうか。単に飼い主に似ただけ?

人工授乳だからって育ての親に気質が似ることはないと思うけど?

胡てつというちゃんとした名前があるのに申し訳ないけど、彼のあだ名は高速くん。当医院の歴史の中で、高速道路で保護された初めてのネコだから、あまりにも印象が強すぎる。高速道路の走行中にあんな小さなネコを見つけられたことが奇跡的で、次のインターで降りて、もう一度戻って拾ってきたことにも敬服したい。そして、なぜそんなところに子ネコがいたのか不思議でたまらない。車の下に隠れていて、高速道路を走行中に転落したのか、誰かが故意にその付近に放置したのか、あるいは高架をよじ登って来たのか……。高速くんの両足大腿骨骨折はすぐに外科的処置で整復したが、問題はそれ以外の軟部の損傷だった。特に大きな衝撃を受けている場合、脳などにダメージが隠れている場合がある。でも彼は順調に回復して、一人前のネコになる

ことができた。それも生きることに貪欲だったからだろうけど、だからといって食欲も貪欲であるとは限らないんだろうね。

食べ物は必要量をカロリーで表すけど、これは空気中で燃焼させたエネルギーを代替えとして利用している単位で、実際にネコの個体が消化管から吸収している栄養の量とは異なっている。特にネコの場合、炭水化物を消化する能力の個体差が激しい。だから同等の体重で同じ種類の食事を同じ量食べていても、太ってしまうネコと太らないネコが存在するわけ。また、基礎代謝量（何もしなくても体が常時使っているエネルギー）も違ってくるので、おなかが空いて仕方がないネコと、口がきれいなネコがいるけど、空腹になりやすいことと食欲が旺盛なことはまた別。なので体の代謝の良し悪しが直接、食べるという行動に反映されることはない。

甲状腺や副腎の機能の問題で異常な食欲になってしまうことはあり、これは内分泌のホルモンがネコの食欲を左右してしまっているため。ただ、同じフードで食べる量が一緒でも、食レポ取材者のように美味しそうにガツガツと食べるネコは食欲があるように見えるし、上品にゆっくり食べるネコは食欲がないように見えてしまったりするので、食欲の有無の判断は難しい。

イヌの顔が飼い主に似てくるというのは昔からよく言われていて、科学的に説明しようと試みられている。ネコの顔が飼い主に似てくるという話は聞いたことがないけど、やることが似てくるという話はときどき聞くことがある。たとえば私も何度か言われたことがあるけど、ネコと一緒に並んで寝ていると、同じ格好をして寝ている、というもの。こんな経験したことは、これを読んでいる方なら1回や2回はあるんじゃない？　ネコと顔は似てこないけど、仕草は似てくるのかもしれない！

たとえば、会社に入ってきた新入社員に対しても、最初は電話の受け答えを聞くと、「あっ、新しい方かな？」と違和感を覚えるけど、しばらくすると、口調もそこの会社の雰囲気に馴染んできたりとか。長い時間一緒にいてコミュニケーションがあると、しゃべる言葉なんかは特に同化してくる。方言がうつるのもそうで、私がしゃべる三河弁と名古屋弁のハイブリッドみたいな方言は札幌出身の家内に伝染してしまったし、私も家内の使う北海道の言葉を知らず知らずのうちに使っていたりする。そういえばウグイスなどのトリの鳴き声にも方言があるって聞いたことがある。若いうちに標準語の鳴き方を録音したものを何度も聞かせて覚えさせると、ちゃんと矯正できるようなんだけど。でもネコは鳴き方で目的を伝えないわけだし、誰かから教わっても鳴き方は変わらない。きっと方言はないのだろうけど、うちのネコはなまっているという飼い主の方はぜひご一報いただきたい。

ネコはいろんなことを、目で見て覚えてしまう。たとえば引き出しに大切なものをしまっておいても、引き出しを開けるところを見ていて、上手に開けてしまうネコがいる。それもピンポイントでその段の引き出しを。うまく開けられないネコもいるけど、それは要領が悪いんであって、真似を試みているはず。そこは根気のある要領の良いネコと根気のない要領の悪いネコの違いで、いたずらの度合いは異なってくるけど、飼い主のすることはいつも見られているからね。あと、ほかのネコがすることもネコはよく真似をする。たとえばセンターラグの上でおなかを見せて寝ると、かまってもらえる習慣のあるネコがいると、いつの間にか違うネコが同じことをしてかまってもらおうとしたりする。よく聞くのは、今まで膝の上でいつも抱かれていたネコが亡くなってしまったら、今まで呼んでも来なかったほかのネコが自分から膝に乗ってきた、というような話。これも、そのネコは生き方が不器用で、真似することもできず羨ましく思っていたのが、やっと自分の番が回ってきたとばかりにした行動。ネコはほかにもいろいろよく見ている。動物が自分の姿を鏡で見て自分だと判断できるかどうかを「鏡像認知」といい、知能の高低を見極めるらしいが、我が家のネコで試すと鏡を見て自分の毛繕いを始めるネコから、びっくりして逃げてしまうネコまでいたので、これが指標になるかどうかはちょっと疑問。でもネコは視覚的に学習する能力が高いことだけは確か。

　ということで、大食いの飼い主に飼われたネコがそれを見ていて大食いになってしまうことは否定できないかもしれないね、くるねこさん。

ごしごしごし
あのザブトンにのるとごしごしされるのだによ

第4章

病気を訊け!

何か症状が出たときは、
かかりつけの獣医師に診察してもらうのが第一。
でも飼い主が知っていることで、
早期に気づけること、防げることもあります。
猫の“病気”について、猫医者に訊いてみましょう!

Q 58

あごの黒いポツポツは何なのでしょうか。予防法はありますか？

ニキビの一種。

専門的にはチンパイオダーマという言い方をする。

予防としては体に合った食事を探しだすのが一般的。炭水化物や脂肪の量的な問題だけでなく、質にこだわるしかない。実際ニキビの治療法はけっこう難しく、当医院ではニキビの専門家の池野宏先生（池野皮膚科クリニック）にわざわざネコ用に処方していただいた薬を使用。先生のお話によると、ニキビの原因はラジカル（活性酸素）が悪さをしているからで、それを除去することが最優先だそうだ。

Q
59

普段のウンチの色、形、臭い……。健康状態を管理するために気を付けて見たほうが良いポイントはありますか？

ネコは便秘になりやすい。大きさの変化に注目。

一番の問題はキャットフードそのものが、ウンチが良い色になるように作られてしまっていること。臭いや色を考えて作られてしまっているので、そこから体調を評価するには微妙な変化を捉えなくてはいけない。

ここで全部を説明するのは難しいけど、ネコの消化器症状で多いのは下痢よりも便秘。ウンチが小さくなっていたら気付いてあげてほしい。たまにはウンチをスコップですくって捨てるだけでなく、割ってみて中の状態も確認してほしい。

Q 60

ワクチンは必ず受けさせたほうが良いのでしょうか？以前、接種後に具合が悪くなり2、3日餌を食べなかったことがあるので、気の毒に思っています。完全室内飼いで、飼い主も感染症の持ち込みをしないように手洗いや洋服を着替える等、気を付けています。

ワクチンに発熱はつきもの。

以前アメリカのメーカーのワクチンを病院で使用していた頃、発熱が多かったので問い合わせたら、「日本の獣医は、そんな当たり前のことを患者に納得させられないのか」と言われた。残念ながら日本では、今回の質問のように、「ネコの元気がなくなったから次からワクチンを接種させたくない」という話を耳にするのが実情。ワクチンは実際に病原体を体に入れるわけだから、軽い症状を伴うことはいたしかたない。

でも実際にその病気になったとしたらそんなものでは済まないことは分かってもらえていない。獣医師は実際にその病気にかかってしまってからの治療経験があるから、ワクチンの重要性は誰もが理解している。持ち込まないようにと言っても限度があるし、病原体は目に見えないので、ワクチン接種にはかなわないよ！

Q 61

神経質な猫の採尿に困っています。何か良い方法はありますか？

オシッコの検査ってすごく大切だからぜひ採取してもらいたい。

血液検査って偏っているから、臓器のダメージを診るには、オシッコの検査が必要だってことを分かっていない獣医も多いんだけど……。

自宅で採尿ってけっこう大変だけど、方法としては採尿できる撥水性の砂を使ってみると良い。海外では売られているけど、オシッコが砂の上に水滴になって溜まるのでスポイトなどで採取できる。あとは砂の下にスノコを敷いて、溜まったオシッコを採取するのがオーソドックスかな。以前は動物病院用の採尿、蓄尿用の入院舎があったんだけど、最近は見なくなってしまった。どうしても採尿できなければ、病院でカテーテルで採取してもらったほうが良い。

Q 62

薬（錠剤）を飲ませるのに苦労しています。口をこじ開けるのに、簡単な方法やコツって何かありませんか？

当医院では名付けてイナバウアー投与法を推奨している。

ネコに薬を飲ませるときの大前提。

①絶対にしゃべらないこと。

②飲ませられなかったらどうしよう、というようなネガティブな考えを持たない。飲ますしかないと腹をくくる。

③緊張はネコにも伝わるので、とにかくリラックスして試みる。

で、本番。ネコをテーブルの上にでも乗せて、自分が前屈みにならないようにする。押さえてくれる補助のヒトがいれば、ネコの後ろから前足の付け根を押さえてもらう。実はこの役割は補助ではなくて主役。いかにこの役が上手かで、飲ませやすさが左右されてしまう。あとは頭を後ろから野球のボールを「くそ握り」で持つようにつかむ。分かりにくかったら野球に詳しいヒトに訊いて！　そのままネコの頭を後ろにそらして、イナバウアー姿勢を保つ。必然とネコが口を少し開けるので、下あごを少し開けてあげて、のどの中心に薬をゆっくりと落とす。まぁどうしたことでしょう、ネコは上手に薬を飲みました。

Q
63

**犬や猫にも花粉症はありますか？
最近ブホブホ、げふげふと咳き込むようなくしゃみをします。
それ以外はいたって元気です。**

イヌもネコも春の時期にアレルギー症状は増えている。

花粉症と呼ぶのが適切かどうかは疑問だけど。ヒトの場合もどうして春の時期に花粉症と呼ばれる病気が増えるのかいまだに原因ははっきりとしていない。もしも杉の花粉が原因なら、疫学的に杉の産地山間部に花粉症のヒトが多いはずなのに、実際には山間部よりも都市部のほうが多いわけで、矛盾している。ちょっと難しい話になるけど、マスト細胞という細胞が脱顆粒《だつかりゅう》といって、ヒスタミンを放出することで症状が悪化する。その引き金を止める薬が最近は薬局でも売られているH1ブロッカー［＊］。ところがイヌやネコにはあまり効果がない。けれども調べてみると、ネコにもこのH1リセプター（受容体）は存在しているので、どうにか探し出せば治療の方法はあるかもしれない。ここのあたりを専門と言っている以上、私も頑張って探さなくてはいけないのかもしれないけど……。今回はちょっと分かりにくかった？

＊**H1ブロッカー**：抗ヒスタミン薬。
花粉症の薬などに含まれる成分。

Q
64

今年で18歳になるオス猫を飼っています。今まで特に大きな病気もなく、元気です。人間の年にするとかなり高齢になるかと思いますが、飼い猫の平均寿命って何年くらいでしょうか?

最近の国内の統計では、平均寿命は14歳。

でもこの統計は、新生児死亡率や屋外で交通事故で死亡している個体は統計外。ちゃんと管理された状態でなら、ネコの寿命は生物学的に考えても、平均で15年くらいが最長だと思われる。ネコの15年はヒトでいう80歳だから、長寿国日本と同じかな。

でもヒトから聞いた話では、長生きしたネコの話が多いんじゃないだろうか? これは短命だったネコの話はあまりヒトにはしないから、必然的に「あそこのネコは20年生きたんだって」という話だけが残って伝わっていくため。実際、病院では若いネコが様々な病気で亡くなっていく。そんな飼い主にかける言葉は見つからない。でも15年以上生きたんだとしたら、これは喜ばしいことで、悲しむなんてもったいない。だから長生きしたネコは、最後は喜んで送ってやってほしい。今まで一緒に生きてきたことに感謝しながら。

Q 65

デング熱は猫や犬には感染しないのでしょうか？
蚊が媒介するので、公園や近所の猫、犬たちが心配です。

インドの新聞でイヌにも感染するという記事を見つけた。

なので、国立感染症研究所に確認した。イヌやネコの場合、デング熱ウイルスに万一感染したとしても、体内でウイルスが大量に増えることはないので、不顕性《ふけんせい》感染（症状は現れない）で終わり、ヒトに伝播する危険性もないとのこと。

聞いたことのない病気がマスコミで取り上げられると、過剰な心配をし過ぎる傾向はないだろうか？　ウイルスなどの感染症は環境によっても左右されるけど、生物の密度が高いことがその一番の誘発要因。たとえばある地域のネコの数が急激に増えたりすると、パルボなどの感染症が蔓延して死亡する個体が増える。だから特定の地域のネコが無尽蔵に増えていくことはない。そのほかの感染症にしてもしかりで、一軒の家で飼育頭数が多過ぎる場合などは、発症数が多かったりする。適正な飼育頭数（1世帯あたり最大5頭まで）を守ることも、ネコの病気をコントロールする上では重要な項目。完全に室内で飼育されているにしても、年1回のワクチンくらいは接種しておいてほしい。

Q 66

猫と戯れる時間が減ってから、尻尾の上の毛が薄くなりました。何とか改善したいのですが、ストレスハゲは治りにくいですか？

赤みのない脱毛（非炎症性脱毛）は治療がとても難しい。

ハゲは命に関わらないから、無理に治療しないほうが良いと、とある書籍に書いてあったなぁ！　実際に診察したわけじゃないから、正確なことは言えないけど、赤みのない脱毛（非炎症性脱毛）は治療がとても難しい。過度のグルーミングで脱毛（舐性脱毛）しているのであれば、精神的に落ち着かせてやることで改善はするのだろうけど、体の下半分が全部薄くなってしまうような場合は特定のホルモン剤が必要になったりする。でもこれが最初に書いた無理な治療で、その副作用のほうが大きくなってしまうので、あまり推奨できないということになる。

最近はドクター・グーグルと呼ばれる、ネットで病気の情報を集めたりすることが当たり前のようだけど、病気のことはネットや電話ではっきりとしたことが分かるわけがない。百聞は一見にしかず……で、獣医師が直接診ないと分かんないんだから、勝手に精神的なものと決めつけないで、ちゃんとネコをつれて最寄りの病院で診察してもらって！

Q67

猫に歯磨きは必要でしょうか？
また、嫌がらずにしてくれるコツがあったら教えて下さい。

ネコに虫歯はまずないですよ。

　歯磨きを喜んでするネコって聞いたことないな。以前は水歯磨きで、口腔内を酸性にすることで、プラークを溶かすような方法もあった。でも、いくらヒトよりネコの歯はエナメル質が厚いからといっても、酸は歯には悪影響なようで、なくなってしまった。指につける歯ブラシでネコの歯を磨こうとして、噛まれて怪我をしたケースもあるので、無理してネコの歯磨きをする必要はないと思う。その代わり食事の選択次第で、けっこう歯石なんかは防げる。歯石は口の中にできる結石。ムチンとカルシウムがなければ結石はできないだろうけど、それらをなくすことはできない。だからできるだけ、歯に食べ物が付着しないように工夫されたフードが発売されている。

　ネコに多いのは虫歯ではなくて、破歯細胞性吸収病巣《はしさいぼうせいきゅうしゅうびょうそう》と呼ばれる歯が溶けていってしまう現象。これは本来乳歯が抜ける際に活動する細胞が、なぜか永久歯に穴を空けてしまうという症状。残念ながら対処法は分かっていない。そうなってしまうとそこには歯石が付きやすく、歯槽膿漏《しそうのうろう》になってしまうことも。80歳で20本というヒトの場合の健康の目安があるように、歯はできるだけ抜かないで治療することに越したことはないけど、口臭があるようであれば一度、獣医師に相談して。

Q
68

病院嫌いで車に乗るのも怖がります。無理に連れて行くのもストレスになりそうな気がして……。鈴木先生の病院に来る猫で同じような子はいますか？またどうすれば怖さを克服できるのでしょうか？

お出かけが好きなネコなんていないよ。

ネコの理想は「昨日と同じ今日、今日と同じ明日」だから、いつもと違うことは極端に嫌がる。いつも同じじゃないと駄目だというのは実は厄介。毎日職場に連れて行っていたネコが、休日に我が家でゆっくりしようと思ったら食欲がなくなり、休みの会社まで連れて行って食事を与えた、なんてケースもあるくらい。だから、キャリーケースに入ることが日常と化せば、病院に行くのも平気になってくる……かも？　でもやっぱり外出はなかなか大変。かといって病院に連れて行くことがストレスだと思いこんではいけない。「連れて行くのが可哀想だから」という理由で病院を避ける飼い主がいるけど、これは絶対に言い訳！　自分の子どもだったら泣き叫んでても、病気なら病院に連れて行くでしょ！　ネコだから面倒だという心理や、もうちょっとそのままにしておけば、治ってくれるかもしれないという気持ちがどっかにあって出不精になってない？　獣医師側から見たら、連れてくるのがワンテンポ遅いことぐらいすぐ分かるんだよ。痛い注射なんか一瞬で終わるんだから、我慢させて連れて行ってあげて。

くるね子が訊く！
4

どうしてもんさんは、FIPが寛解《かんかい》して、発症後6年以上も生きられたんでしょうか？

先に一言。

「寛解」というのは癌腫《がんしゅ》などの病気に使用する言葉で、FIP（猫伝染性腹膜炎）はウイルスによる伝染性疾患になるので寛解という表現は適切ではなく、ウイルスを検出しても症状がない状態は「不顕性感染」という。できるだけ分かりやすく説明するつもりだけど、どうしても病気に関しての回答は、正確に理解していただきたいので、このくらいはご勘弁を。

FIPという病気が難解なのは、そのウイルスの特性がすべて分かっていないために、間違った知識が広まってしまうこと。最近の見解では、猫コロナウイルスがネコの体内で突然変異して、ウイルスの表面に別のタンパク質ができてしまうことで、体内に侵入する能力ができて、おなかに水が溜まったりといった典型的な症状が現れる、というもの。ネコのコロナウイルスに感染しているからといって、全部がFIPになるわけではないから、コロナウイルスの血液検査の結果の評価が獣医師でも分かれてしまうのが問題。コロナウイルスの保菌者（キャリア）が、FIPを発症する確率は3パーセントから10数パーセントまで幅がある。その数値を高いと見るか、低いと見るかによっ

て、ニュアンスが全く変わってしまう。「たった数パーセントなんだから大したことはない」とするか「1割も発症するんだから、大問題だ」とするかの違い。残念ながらFIPは発症するとほとんど助からない。その治療法も、特効薬は存在しない。予防法にしても、コロナウイルスを持っているネコの繁殖を一切止めさせる、というのが極論。FIPウイルスには1型と2型があって、2型になるとかなり凶暴で、発症率もぐんと上がってしまう。この2型のウイルスは、どうもイヌと関係があることが分かってきているので、ネコはイヌと一緒に飼わないほうが良い、というくらいしか対処法はない。

FIPと断定できる診断方法は、血液中の抗体の検査とタンパク質の検査。電気泳動法［*］で特徴的なパターンができるので、その症状と照らし合わせて診断する。最近では、腹水をPCRという遺伝子レベルでの検査をすることで、確実に調べることができる。

もんさんの時代には、遺伝子レベルでの検査方法はまだなかった。今となっては調べようがないけど、腹水が溜まっていたのが治ってしまったのは、他の病気だった可能性も否定できない。最近の報告では、幼少期以外で、腹水が貯留していて血液の検査でFIPの兆候を認めているネコでも、腹水の検査で否定されてしまった症例がある。純血種の場合はほとんどFIPと診断されるようだが、いわゆる雑種の個体では、FIPじゃないかもしれないケースがあるというのだ。それを違う見解をすると「純血種はFIPを乗り越える能力はないけど、

＊**電気泳動法**：タンパク質に電圧をかけて移動のパターンを計測することで、疾患を診断する検査方法。

雑種であれば乗り越えることができる」ということなのかもしれない。当医院で、もんさんを含めてほんの数頭だけ、ＦＩＰと診断されて、その後、症状を乗り越えたネコがいる。千頭以上のネコは発症して数週間以内には亡くなってしまっていることからみれば、「千三つ」なことなので、ほら吹き扱いされてしまうかもしれない。でも現にネコはたった６年かもしれないけど元気になって飼い主と過ごせたのだから、獣医師冥利につきる。今回の回答のように、「どうして」と聞かれても、現段階で分かっている範囲でしか答えられないことは多い。でも我々は、その病名が何であれ、どんなネコであれ、飼い主と平穏な時間が少しでも長く過ごすことができるように戦っていることを理解していただきたい。

日本ではあまり話題にならないけれど、中東ではＭＥＲＳというＦＩＰと同じコロナウイルスがヒトに猛威を振るっている。ＦＩＰと同じでワクチンも治療法もないから困ったもので、以前、中国で発生したＳＡＲＳに似たウイルスらしい。私はヒトに伝染することはないと分かっていてネコの伝染病を扱っているが、世界の最前線ではＭＥＲＳやエボラ出血熱などと闘う医師団がいて、ニュースを見るたびに本当に頭が下がる。そしてそんなレベルの伝染病ですら、死亡率は１００％ではなく、生還するヒトもいる。だからＦＩＰを乗り越えるネコがいたって、おかしくないのかもしれない。

伝染病が悪魔の仕業じゃなくて病原体の仕業だということを、コッホ（ドイツの細菌学者）が発見してから、まだ１００年ちょっとしか経っていない。科学の進歩の早いこと！　だからといって分かっていないことのほうがまだ多いから、悪魔の化けの皮が剥がれるまでにはもうしばらく時間がかかるだろうね。

第5章

つきあい方を訊け!

人と人、人と猫、猫と猫。
楽しく暮らすには、人づきあいも猫づきあいも大切。
飼っている人も、これから飼おうと思っている人も、
人と猫の“つきあい方”について考えてみましょう!

Q
69

猫って散歩させたほうが良いですか？

しないほうが良い。

移動しながら捜し物をするのはイヌの習性。ネコは待ち伏せ型なので、毎日同じ場所に構えて待っているのが本来の習性。

どうしても散歩に連れて行きたいのであれば、毎日決まった時間に決まった場所に行くことがセオリーだろうが、外に出ることでノミをもらったり、体に化学物質が付着したりとリスクは格段に増えることを承知してもらいたい。

Q 70

ペット保険には入っておくべきでしょうか？

ネコのために毎月貯金したら？

保険といっても所詮商売の話なので、苦手。ただ数学で考えれば、期待値から割り出された適正な保険料であれば問題ないだろう。ただ残念ながらネコの疾患の期待値など調査されているはずはなく、その保険料が高いのか安いのか判断に困る。

当然、損得を考えての質問なのだろうが、リスクを中立にするのであれば自分名義でネコ専用の口座を開設し、毎月2～3千円貯金するのが良いのでは？　残念ながら日本ではネコ名義の通帳は作ってもらえない。

Q71

旦那が大の猫ギライで猫を飼わせてくれません。説得する方法はないでしょうか？

ネコが苦手なヒトは少なくないんだ。

だから野良ネコで迷惑しているという相談も多い。塀の上にペットボトルが並んでいるのを見ると悲しくなるけど、これぱっかりは仕方ない。ネコの鳴き声が騒音と感じるヒトだっているのだから。

だけど、ただの食わず嫌いみたいなもので、ネコとちゃんと接したことがないだけであれば、適切な方法でネコを迎え入れられた家庭はたくさんある。極端だけど、旦那を取り替えてみては？（笑）　離婚って合法でしょ。ネコを遺棄するのは違法だからね。

Q
72

「猫にマタタビ」ということわざもある通り、猫はマタタビが好きというのは一般常識になっていますが、実際に猫にとって良い効果はあるんでしょうか？ストレス解消になると思い、たまにあげています。また、マタタビが合わない猫もいるんでしょうか？

興味を示さないネコも半数いる。

果物のキウイもマタタビ科の植物なので、枝の部分の臭いにネコが反応してしまうことも。マタタビでネコが特殊な行動を起こしてしまう原因はネペタラクトンという物質にあり、おそらく昆虫に対して何らかの反応を起こすもの。ほ乳類でネコだけが反応してしまう理由は分かっていない。当然、マタタビを使ったことでネコに良い影響があって病気が改善するという資料もない。

おもしろ半分にネコにマタタビをあげる必要もなく、どうせ数分で反応は終わるし、その直後に与えても見向きもしないので、「ネコにマタタビ」は本来必要ないものとしての慣用句で使って！

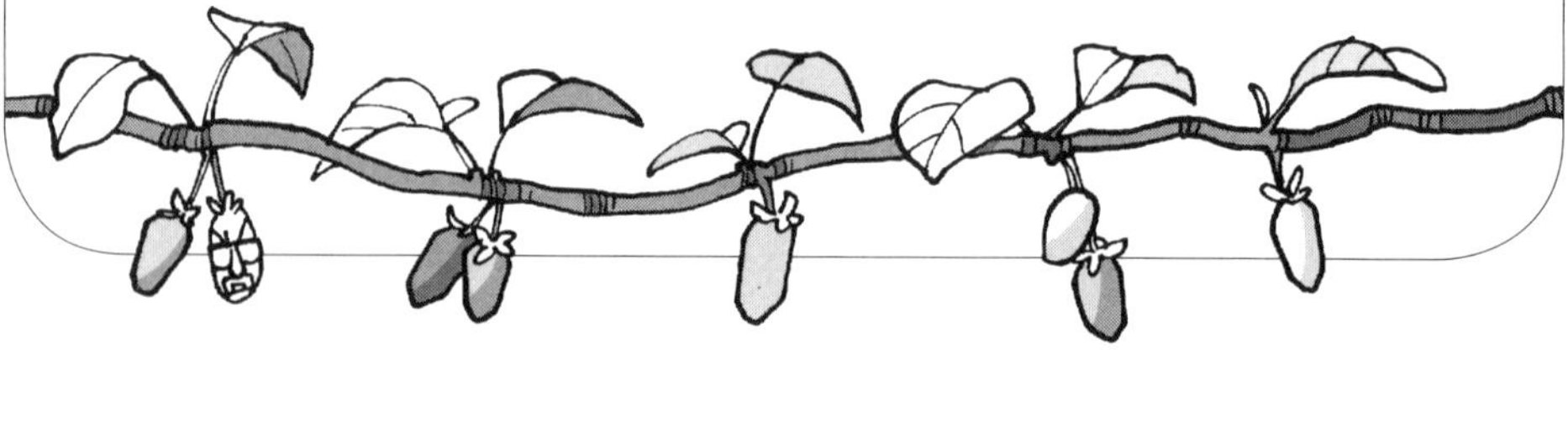

Q
73

野良生まれの非常に臆病な大人猫は、やはりずっと人慣れしないんでしょうか？コツなどはありますか？

慣らすコツは、ずばり「ツンデレ」。

ネコと仲良くなりたいのであれば、最初は無視し続けること。来る日も来る日もとにかく知らん顔。当然、食事や掃除は毎日こまめにしないといけないけどね。1週間か1ヶ月か半年か、どのくらいかかるかは分からないが、必ずその日は訪れる。ネコの心の扉が少し開く瞬間が。そのときこそ最大のチャンス。思いっきり優しい言葉で、最高の笑顔で、ゆっくりとコンタクトを試みるのだ。

ネコが慣れないというヒトの共通点は、この相手が心の扉の開いた瞬間を見つけられていない。あるいは先を急ぎすぎて、コンタクトが早過ぎてしまっている。これはそのヒトのコミュニケーション能力と関係があるのかもしれないが、上手なヒトはどんなネコでも簡単に手なずけてしまうし、駄目な飼い主だとネコがどんどん臆病になっていってしまう。焦らずゆっくりツンデレに挑戦してみて！

Q
74

先日、猫が不注意で家から脱走してしまいました。運良く捕まえましたが、外が刺激的だったらしく大興奮でした。今後も網戸で外気を入れたりしたほうが良いでしょうか?

懲りずにまた同じように外に出てしまうことがあるから注意して!

外の臭いはそんなことをしなくても室内に入ってきている。だから近所に避妊手術をしていないメスのネコの臭いがあると、室内飼育のネコでも興奮してしまうこともある。山の中で獣道を経験してしまったネコの話を聞いたことがある。そこには野生の魔力があったようで、性格までガラッと変わってしまったとのこと。30年くらい前に、ネコの先祖といわれるリビアヤマネコを2頭飼育していたが、その臭いといったらまさに野生の臭いで、イエネコとは全く別のものだった。野生の動物の臭いは、家畜化されてしまうとなくなるものなのだと身をもって経験した。先ほどのネコはそれがおそらく獣道で呼び覚まされてしまったのだろうけど、科学的な根拠は分かっていない。ネコが外に出ていないことを不自由に思う飼い主がいるけど、自由が幸せとは限らないからね! 自動車を運転している方なら、道路でペシャンコになっているネコを一度くらいは見たことがあるはず。外に出てしまったばかりに、車にはねられて死んでしまうネコは年間に30万頭以上はいると推測されている。ちょっと話がそれてしまったけど、ネコは外の空気や景色には興味がないって知っておいて。

Q
75

アロマオイルを部屋で使用すると、猫の肝臓に負担がかかると、本で読みました。本当でしょうか？

たぶん肝臓に影響はないと思うけど……。

でも、20年くらい前におもしろがって何種類かアロマを使ってみたら、突然数頭のネコの食欲がなくなった。ヒトが良い匂いだと感じていても、ネコには不快なのかもしれないと思い、それ以来、我が家では使っていない。何を根拠に肝臓に影響があるということなのか分からないけど、ネコの肝臓にとって毒物は多く、ヒトが平気なものでもネコには化学物質を分解できなかったりはする。

でもネコの肝臓にとって一番の大敵は脂肪。炭水化物の多い食事を与え過ぎたりすると、簡単に脂肪肝になってしまう。たとえば7歳になったからといって高齢用の消化率の高い食事を安易に与えてしまったりすると、早い段階で肝臓に脂肪が蓄積して負担がかかってしまう。アロマオイルよりもはるかに怖ろしいのだが、こんなケースが増えてきているのは、栄養指導も受けずに飼い主が勝手に食べ物を選択してしまっている現状があるからだろう。

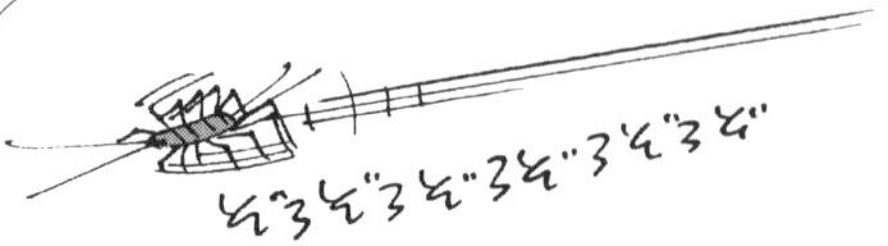

Q
76

山の近くに住んでいるため、虫が大量に出ます。猫の健康のことも考え、殺虫剤は使わないようにしていますが、猫がいても安心して使える殺虫剤ってありますか？

殺虫成分は基本的にすべて毒性があるけど、虫は死んでもネコが死なない量を使えば安心。

というのが、究極の答えかな。殺虫剤だけではなく、薬にはすべて副作用がある。どんな薬でも「LD50」[*]といって50%の致死量を計ってから、一般の使用量をはじき出す。抗ガン剤だって細胞毒性が高い成分だけど、ガン細胞は死ぬけど健康な細胞は死なない量を使って治療に役立てている。ただし、殺虫剤の場合は外部に使うこと限定で使用量が割り出されているから、口から体内に入らないことが前提。ネコは残念ながら丹念に体を舐め回すので、ヒトが当たり前に口に入らないような使用法でも、ネコの体に付着して口から入ってしまうことがあるから、殺虫剤の使用には特に注意が必要。

でも吸血する昆虫や衛生害虫以外はそのまま放置が基本では？　むやみに殺生することもないでしょう。

＊LD50：半数致死量。「Lethal Dose, 50%」の略称。

Q 77

先住猫（2歳オス）と新入り猫（1歳オス）がよくケンカをします。先住猫は生後すぐ母猫を亡くしたため私が育てたので、私に懐いてくれています。仲良くとまではいかずとも、ケンカがなくなればと思っています。何か良い方法はありますか？

ネコの相性とそのヒストリーはあまり関係ない。

ただ人工授乳で育てたネコに関しては、その社会化期に問題があって、相性とは別にうまくいかないこともある。ネコがネコとして育つための教育はネコにしかできず、社会適合不全になる可能性がある。動物愛護法で生後8週齢まで販売を禁止しているのもそういった理由からで、できることなら生後90日まで親と一緒に育てるべき。でもこんなケースはしょうがないから、やってみるべきヒントを少し。以前は生体外ホルモン、いわゆるフェロモンの類いの薬で、ネコ同士を友好的にするものがあったのだが、国内では販売が中止されている。ネコはお互いを見た目だけでなく、臭い（体臭）で確認しあっている。だからお互いの臭いが上手に混ざり合えば比較的仲良くできるはず。で、たとえば網で仕切った左右の部屋に数週間、接触できないけど臭いは確認できる状態で暮らしてもらう。様子を見て良さそうなところでフルコンタクトにしてみる。これを業界用語でイケイケと呼ぶ。動物園などで、ペアリングに使われる手法だけど、コツはイケイケのタイミングを焦らないことかな。

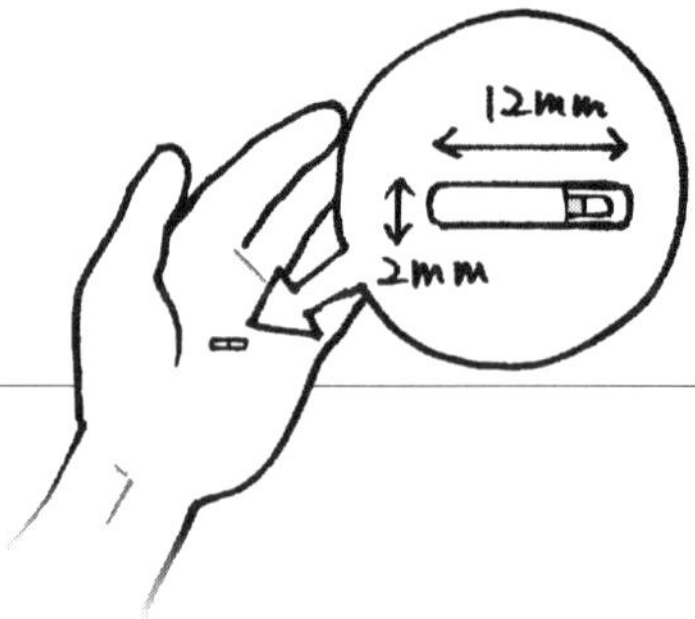

Q
78

猫にマイクロチップを入れようと考えてます。体に害はないのでしょうか？またメリット、デメリットを教えていただきたいです。

はっきり言って無害！

日本の場合、国民総背番号制と蔑んで、古くから議論になるもいまだに実行されていないヒトの総ナンバー制。だからネコにもマイクロチップの装着は普及が遅れてしまっている。現在も国が直接管理できるシステムは構築されておらず、中には民間の会社が管理しているところすらある。入れることのデメリットといえば、ちょっと針が太いよなぁ、と思うくらいで、管理システムが磐石でさえあれば、マイクロチップにはメリットしかない。マイクロチップ装着の注意事項は、

①マイクロチップのメーカーが複数あるが、
ＩＳＯの基準を満たしているメーカーが望ましい。

②登録する際に現在は日本獣医師会がデータベースを管理しているので、
適正な手続きを済ませること。

③引っ越しなどの住所変更をした場合も、必ず届け出ること。

以上の3点。動物病院でもマイクロチップのリーダー（読み取り装置）はまだまだ常備していないのが実情で、早急に国が整備の指針を定めることを期待している。

Q 79

知人宅の猫は全く人見知りをしません。知人いわく、知らない人にほど懐くとのことでした。病院に行って点滴を打たれても、先生にスリスリ甘えるそうで、帰るときはキャリーケースに入るのを拒むほど。先生のところにもそんな子は来ますか？

だいぶ昔のことだけど、チョビ太というアカトラのオスが病院に通っていた。

彼は待合室で自分からケージを飛び出し、診察室のドアを開けてあげると、75センチほどの高さのある診察台に自分から飛び乗ってきた。当然、私の診察を受けるために。飽きれた飼い主は、待合室でチョビ太の診察を待っている始末。後にも先にも、自分から診察台の上に乗ってきたネコは彼だけ。でも治療をしてもらうことに自発的なネコはときどきいて、インシュリンの注射の時間になると自分から飼い主の膝の上に乗ってきて待っているネコの話や、薬の時間になると自分からやってくるネコの話はたまに聞くから、そこまで気持ちが通じ合えるような関係が理想かもしれないな。

Q 80

猫好きの中学生です。猫を飼いたいのですが、親に「毛の掃除が大変だからダメ」と言われます。飼ったことがないので分からないのですが、毛の掃除は大変ですか？

第一に中学生にもなったら部屋の掃除は自分でするでしょ？

お年玉をもらったら高性能の掃除機でも買うって親に約束してみたら？　別にネコの毛の掃除なんて簡単なもんだから、普通の掃除機でも十分かもしれないけど。

そして本題。ネコの抜け毛は普段の手入れ次第で気にならないようにできる。基本はゴム製のブラシ。海外では当たり前だったラバーブラシだが、日本ではネコには使わないようになってしまったことがあった。その理由を以前ＣＦＡ[＊]の佐藤弥生さんから聞いたことがある。佐藤さんが「シャム猫はラバーブラシをかけると体毛の色が変わってしまうので使わないほうが良い」と何かに書いたところ、「ネコにはラバーブラシを使わないほうが良い」と間違って広まってしまったのだそうだ。今はコピペの時代だから、こういうことは少ないのかもしれないけど。

＊**CFA**：「THE CAT FANCIERS' ASSOCIATION, INC.」の通称。ネコのブリーディングを行なう非営利団体。

Q 81

近々結婚を考え、彼と同居する予定です。私は猫（2歳オス）を1匹飼っており、彼も猫（5歳メス）を1匹飼っています。去勢・避妊手術済みです。猫同士が仲良くなれるか心配です。猫同士仲良くなるためのコツなどありましたら教えて下さい。

飼い主たちが仲良くしてれば、ネコも仲良くなりますよ。

ちょっと無責任な回答だけど、究極はこれだと思う。

ネコ同士が仲良くなるためにはお互いの臭いが混ざり合うことが第一優先。だからケージなどに入れてお互いのネコの臭いが混ざり合うまでフルコンタクトを避けるのが一般的。でも家にお互いが出入りしていれば必然的にお互いのネコの臭いも徐々に混ざっていくだろうから、彼氏のネコとよく接触してから家に帰れば、その臭いを自分のネコも認識し始める。同様に彼氏にも自分のネコの臭いをいっぱいつけて帰ってもらって。まあ子連れで嫁ぐと小姑から洗礼を受けるかもしれないけど。ネコに対してじゃなくてあなた自身に！　末永くお幸せにね！

Q
82

猫にも「自分は長男」「末っ子」という意識はありますか？家にオスばかり5匹います。いつも四男にご飯を横取りされているのですが、我慢しています。長男は体が小さいため、末っ子はすぐ鳴く、甘ったれ。「長男だから甘えられない」とか「末っ子だから甘えて良い」とか考えているのでしょうか？

そんな意識は持っていない。

先に食事をするほうの地位が上と考えるのはヒトやイヌ。これらは食事の順番で序列ができている。食事の際、フードが入った食器に手をかけると唸って脅すようなイヌがときどきいるが、これは序列を完全に錯誤していて、イヌの飼い主としては失格！　そしてネコの場合はそんなことは起こりえないし、食事の量が十分にあれば、体格の大小、年齢の上下が原因で取り合いも起こらない。そのネコの性格によって様々な現象が起こりうるから、あとからやってきたのに図々しいのもいれば、ほかのネコと協調できずロンリーになってしまうのも。

今回のようにネコの関係性を、自分の先入観から推測してしまうヒトも多いんだけど、どうしても自分の経験値を物差しにしてしまうのは仕方ないのかもね。でも、ネコと暮らす楽しみの一つは予想外の事態が起こること。問題を解決することを醍醐味として捉えてみよう。

Q 83

先月、愛猫を15歳で亡くしました。それからというもの、誰もいない家の中で、夜遅くにガサガサという音が聞こえるように。猫は袋が好きで、よく遊んでいました。なんだか猫が家に帰ってきているような気がします。先生は、そんなことを見聞きしたことはありますか？

よくありますよ。

昨日も我が家のコモモ（8年前に亡くなったネコ）が椅子の下にいました。頭がおかしいと思われるかもしれないけど、代々飼っていたネコの記憶はずっと頭の中にあるから、そんな思いを持っていても良いんじゃないのかな？　ただし、決して霊的な現象ではないということは理解しておいて。物質的にネコは死んでしまっている。でも自分の心の中に生き続けているし、それを他人に理解してもらう必要もないのでは？　お盆に先祖が帰ってくるとき、キュウリでウマを作るけど、ネコはウマには乗れないよね。だったらサンタクロースがプレゼントを入れてくれるような紙袋でも用意しておけば、好きなときに帰ってきて入って遊んでいるんじゃない？　初めから、自分の気持ちの中で生き続けられるようなつきあい方をしていれば、ネコが死んでしまってからだって、悲しい思いにならなくて済むと思う。いつも言っていることだけど、ネコが死んじゃっていつまでも悲しいって思うのは、ネコが可哀想じゃなくて、自分が可哀想なんだ。そんなの人間のエゴだからね。

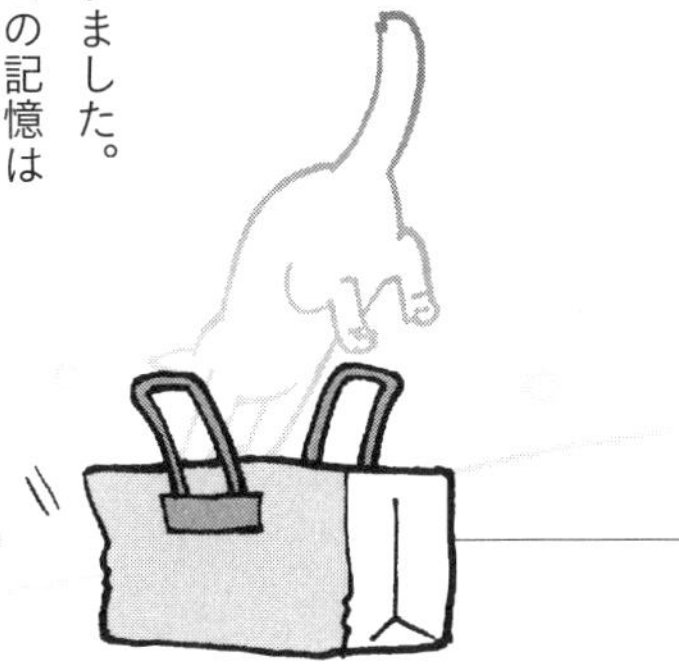

Q 84

鈴木先生が考える「猫の最良の撮影方法」について教えて下さい。どんなに頑張っても猫の可愛いらしさがうまく撮れません。

上手に撮ろうという欲をなくすこと。

最近はみんな携帯に付いているカメラで何でも撮ろうとするけど、目的は撮ることじゃなくて誰かに見せるためでしょ！　自慢するために写真を撮っても良い写真なんて撮れるわけないよ。

自宅で飼っているネコを撮影して、自分で楽しむことを前提に説明するけど、まず写真を撮るときに絶対必要なのは光量。お日様の光が入るような部屋で撮ること。私も毎年、病院で配布するためのカレンダー用に自分のネコをプロのカメラマンに撮影してもらっているけど、一番苦労するのは照明！　で、そのカメラマンからの助言。「ピントなんか気にしていたら良い写真なんか撮れないから！」なんだって。まあ最近のカメラはオートフォーカスだからピントを合わせずに撮るほうが難しいんだろうけどね。最初はちょっと長いたま（望遠レンズみたいな感じ）で離れたところから顔だけ撮ってみると、意外とイケてる写真になるからやってみて。

Q 85

2歳の猫を2匹飼っています。もうすぐ引っ越しをするため、猫を新しい環境に慣れさせる良い方法があれば教えて下さい。

ネコもまだ若いから新しい環境にも順応できますよ。

ヒトもネコも若いうちは環境の変化のストレスは比較的少ない。コツは新しい場所では、最初はできるだけ狭い範囲で慣れさせること。狭い家から急に大きな家に引っ越して体調を崩したケースはたまに聞くから。最善の方法から説明するけど、まず引っ越しをする2週間くらい前から、今の家にいるうちにケージの中だけで過ごさせる。トイレも中に用意して。そしてそのケージのまま引っ越しをして、新しい家に入ってからも2週間くらいケージの中で過ごしてもらう。そのくらい時間があれば部屋も片付くだろうから、ネコも安心して部屋の中に出られる。引っ越す前も後も片付けでバタバタするから、この方法がネコには最善なんだけど、「ネコが狭くて可哀想」「ストレスが」とかよく言われる。でも幅60センチ以上の清潔なケージであれば、ネコにはストレスどころか、自分の部屋ができてかえってうれしいはず。この方法ができないのであれば、引っ越す前から一部屋限定で過ごさせ、新しい家でもしばらくは一部屋限定にするべき。くれぐれも新しい家での環境が整ってから、ネコの行動半径を広げてあげて。新しい家の構造が把握できていなくて、ネコが外に出てしまって帰れなくなるケースがあるから、用心して。

Q
86

2歳のオスとメスの2匹を飼っています。オスはとても甘えん坊ですが、メスはクールな性格です。オスがいつもベタベタしているから遠慮しているのか、単に触られるのが嫌なのかよく分かりません。もっと甘えてほしいのですが、どうしたら良いでしょうか？

ヒトもネコも表現が下手で誤解されちゃう場合がある。

でも実は、こういった性格のネコはひとりになるとべったり甘えたりということがよくある。つまり遠慮している可能性が大きい。1対1のときと1対複数のときでは、ネコの場合、全然違う態度になってしまうことがある。我が家のグリコがまさにそうで、前の飼い主に飼われていたときは、常に天袋に入っていて、食事のときぐらいしか姿を見せないようなネコだった。前の飼い主が突然他界して、ネコたちを引き取りに行ったときも、グリコだけは捕まらず大捕物になり、苦労して捕獲した。ところが我が家に来て数週間、ケージの中でひとりでいて寂しかったのか、突然甘えてくるように。それ以来、あの天井に隠れていたグリコとは別ネコのようで、誰にでもベタベタするようになり、みんなに可愛がられた。でも私は昔のままのグリコでも良かったと思っている。ネコは十人十色、それぞれ個性があって、その個性を見抜いてつきあうことが楽しみでもあり、自分に足らない何かを教えてくれることになるのだから。

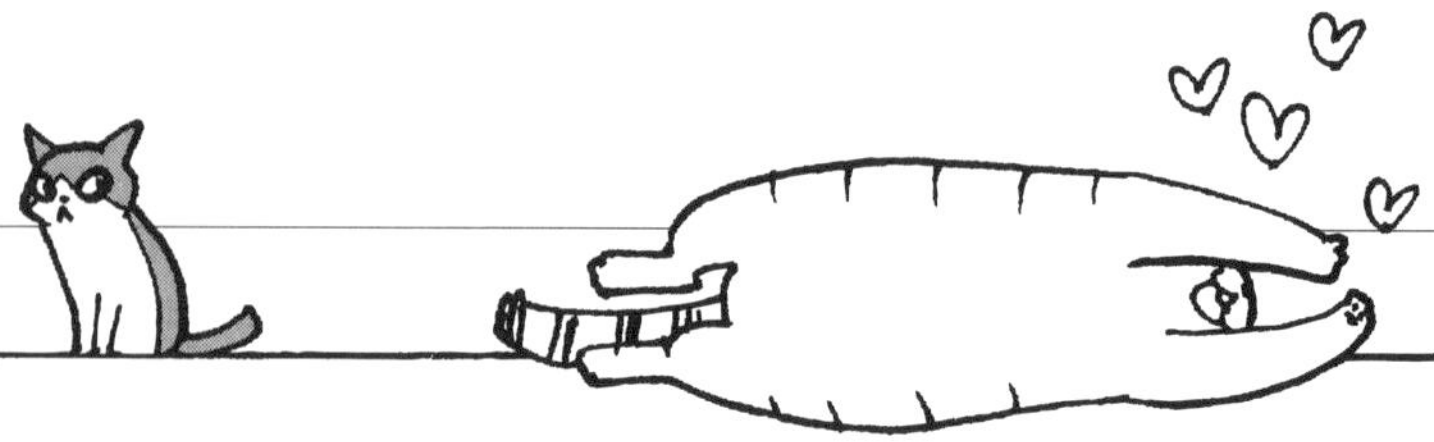

Q 87

猫が好きでいつか飼いたいと思っているんですが、これまで動物は亀しか飼ったことがないので不安です。こんな私でも良い飼い主になれるでしょうか？

誰だって良い飼い主になる素質は持っているはず。

それを生かすも殺すも本人次第。でも刷り込まれた情報を元にペットを飼うことには大反対！　ペットを飼うことをファッションにしてしまうと、必ずやってくるのが「飽き」。消費を煽るためには「消費者をいかに飽きさせるか」だから。生き物を飼うことに、この道理を適用すべきではないよね！　ネコを飼う前に一番知っておいてほしいことは、自分が思い描いているようにすべてがうまくいかないということ。水槽の中の動物はフルコンタクトできないから、思い描く理想は水槽の中だけのこと。でもネコになると直接接触するわけだから、すべてが思うようにいくわけではない。それこそが生き物を飼う一番の醍醐味で、何事も自分の思うようにはいかないことが学習できる。最近の若い世代は、実は20年前の同世代と比べるとペットを飼っている割合が半減している。その理由の多くは「めんどくさい」。これでは先が思いやられる。将来はどんどんペットを飼育する人口が減っていくと予想されている。そんな時代だからこそ、ぜひ一からネコと一緒に暮らしてみて、今の時代に合った価値観を見つけて、みんなにその素晴らしさを紹介できるようになってもらいたい。

くるね子が訊く！ 5

猫医者に飼われていても、そこはやっぱり猫。
何度もお別れがあったと思います。
そんなとき、(声に出さんでも心の中で)何と声をかけてますか？
私は「また来いよ」です。

自分の飼っていたネコには最期に必ず「ありがとう」と思ってお別れをする。

でもネコだけじゃなくて、母親のときも、父親のときもそうだった。ちょっと文字では説明しにくいけど、私の地域の「ありがとう」は全国でも珍しく、「が」のところにイントネーションがくる、変わった語調の習慣がある。標準語では「り」のところが一番上がっているけど。外国のヒトがカタコトでしゃべるときと同じなので真似してもらえると分かりやすいと思う。このイントネーションは本心で思っていると、口に出さない心の中のつぶやきでも、同じになっていることに気付いた。普段口に出してしゃべる「ありがとう」は、最近はオトナの会話になってしまったのか、「り」のイントネーションを使っているみたいだけど、心底思っていると、方言が出てしまうものなんだと痛感した。

くるねこさんの「また来い」は輪廻のことなんだろうけど、私が病院で「ネコを外に出さないで！」と啓蒙しているのも、輪廻を信じているから……。何のことやらと思われるだろうけど、道路ではねられて死んでいるネコを見るのが私は何より辛い。東京にいるときもそれを拾って調布の深大寺に持って行っていた。名古屋に戻ってからも、もう100頭以上、名古屋市の霊園に持って行っている。もし私が生まれ変わってネコになったとしたら、道路で舗葬されるのだけはイヤなので、自分が生きている間に、ネコを室内で飼う習慣を普及しようと思って啓蒙している。今でも全国で、年間に推計で30万から40万頭のネコが舗葬で死んでいる。昨年も名古屋市だけで1万頭近くのネコが名前も分からないまま死んでしまっている。だから道路で拾った亡骸には「ごめんね」と言ってしまう。27年前に病院を始めたときから、ネコは部屋の中だけで飼ってもらうことを口を酸っぱくして言ってきた。時代の変化かもしれないけれど、実際、統計を見ても室内飼育のパーセンテージは増えているし、来院するネコも外に出ているネコは少ないから、自画自賛かもしれないが、多少なりとも貢献できたと信じている。だけど舗葬で亡くなってしまうネコの数は残念ながら減っていない。それは地域ネコと称して室外だけで生活しているネコや、おなかが空いては可愛そうだからということで、屋外に置かれるキャットフードで、増えてしまったネコたちがたくさんいるからだ。殺処分をなくすと環境省は言うけど、道ではねられて死んだネコは殺処分とどこが違うんだろうか？

自分の飼っていたネコはみんな平等に扱おうと心がけるのだが、所詮ヒトの子だからしょうがない。自分が大学院生の頃から飼っていたネコで「キリコミ」という子がいた。病院を始めてから「こいつが死んだら病院も辞める！」って言っていたのを家内が覚えていて、キリが死んだときに、本当に病院を辞めてしまうのかと心配していたようだ。今でもキリの写真は病院のカウンターに色あせたまま飾っている。自分が苦労していろいろあったときに一緒にいたネコの記憶は、良いトコロばっかり思い出してしまい、青春の思い出になってしまっている。でも病院の仕事の忙しさが、そんな悲しみを引きずる暇を与えてくれなかったので、今でもそのまま仕事を続けられている。

いつも仕事でも言っていることだけど、ネコを記録として残すのではなくて、記憶に残るように心がけてほしい。写真を撮りまくったり、SNS上でアップしたりすることで満足したり、血液検査などのデータをもらって満足してしまうのは、記録を収集することでいわば物質的な満足感を得ているだけ。そんな飼い主から、「ネコは癒やしてくれるから」と言われても疑問を持ってしまう。本当に癒やされるのなら精神的な満足が必要なんじゃないかな。私はプライベートではほとんど自分のネコの写真は撮らない。毎年病院のカレンダーを作るのに、セットを組んで写真は撮る。これは最初に絵コンテをつくって、カメラマンと打ち合わせをして、という具合であくまでも商業的な写真。プライベートでは使わない。普段ネコと一緒にいる時間を、自分の心の印画紙に焼き付けるためには、現実のコミュニケーションを楽しむべきだと思う。今の言い方だと、デジタルデトックスって言うのかな？　ネコもヒトもアナログな生き物だから別れは必ずやってくるし、その後も時間はたくさん残されている。自分が生き続けているかぎり、心の中に今まで一緒に暮らしたネコたちの思い出が賛歌のように響くよう、今を無駄にしないように心がけたいものだ。

第6章

人生を訊け!

生活、仕事、恋愛、夢……。
迷ったら一人で考え込まずに相談を。
どんな悩みにも真剣勝負!
猫医者が“人生”を語ります!

Q
88

先生はなぜ「猫専門」の獣医をやっているのでしょうか？

ここですべては書ききれないけど。

日本の生活習慣の中でヒトと一緒に暮らす動物として、ネコが一番適していると判断したから。そして室内でネコを飼う習慣を世の中に定着させたかったから。

獣医師はすべての家畜を診る義務があり、ちょうど私が大学を卒業した年に、ネコは獣医師法でようやく家畜と定められた。古くはネコがネズミを捕獲するという防疫の観点で、飼うことが推奨された時代もあったが、やっと現代の法律でも守られる存在に格上げされた瞬間である。25年以上前の当時も、外にいるネコの問題はあったので、家の中だけでネコを飼う習慣を付けてもらえるように、玄関で靴を履き替える日本風の動物病院をつくって、そこにネコを連れてきてもらうことを考えた。そうすれば今度ネコに生まれ変わってきても、外で車にはねられる心配がないから。これ冗談じゃなくて、当時本当に思ってたこと。

Q 89

くるねこ愚連隊や、くるさんが保護したり、お預かりした子たちの中で特に印象深い子、面白いキャラクターの子は誰でしたか？

なにぃ！ キャラクターだって？

「臨床の現場において『キャラクター』で仕事ができるわけあるか！」と言いたいけど、大人げないかな？ 彼女が漫画の中でそれぞれのネコをどう扱っているかは分からないけど、私の仕事の現実のほうがはるかに面白いと思う。出会うすべてのネコにそれぞれ印象があって、それも毎日上書きされている。甲乙もつけられない。だから今日の今が一番印象深いことになるかな。

そして明日もまたいろんなネコたちがやってくる。漫画や映画では味わえない「実感」が一番面白いと思うよ！

Q
90

陸上部に所属している高校生です。動物が好きなので、将来は獣医を目指すか、それとも体育の先生を目指すか、悩んでます。アドバイスをお願いします！

羨ましい！

きっとあなたは足が速いんだろう。私は足が遅いことがコンプレックスだから、羨ましい。この質問は「好き」な動物と「得意」な体育で悩んでいるのかな？　私は理科が「得意」で、スポーツは「好き」なので真逆かもしれない。好きなことをしたいという学生さんが多いのだろうが、仕事ってそんなものかな？

将来を真剣に考えるなら、得意なことを仕事として選ぶべき。「好き」というのは一時の感情だから、10年後に好きかどうか保証がない。得意なことは本人の素質なんだから、10年後も20年後も得意なはず。就職の時期に、好きなことをしたいなんて甘いことを言っていると出遅れてしまう。個人的な意見だけど、できるだけ早くに自分は何が得意かを見つけることが肝心だと思う。

Q
91

猫みたいに懐かない男ばかり好きになるんですが、どうしたら良いでしょうか？

懐くオトコが良いの？

イヌみたいに妙に懐いて優しいオトコなんて、ただの口八丁だよ？

動物は2種類いて、獲物を捕る側の捕食系の動物と、食べられる側の被食系。ネコは捕食系のハンター代表。だから群れることなく、自分を信じて孤独で生きていく術を知っている。イヌも捕食系だけど、自分より大きな獲物を捕らなくてはならないから、獲物が捕れたときに媚びないと仲間から食べ物を分けてもらえない。だから飼い主に対しても媚びる。それを懐くと誤解しているヒトが多いけど、イヌの飼い主はリーダーとしての責任を持たないと、ちゃんとイヌは育たない！

自分に自信があって、自立できているオトコは決してオンナに懐きません。だからあなたも、オトコを見る目があるんだと思うけど……。ただ、自信過剰だと周囲から取り残されてしまうだろうから、媚びるオトコのほうがある程度、出世できるのかな？　あとはあなたの価値観だけ。

Q 92

40代半ばの独身女性です。我が家の猫が可愛くて仕方なく、仕事の疲れも忘れられます。そんな私を横目に母が、「猫にばかりかまっているから結婚できない」と嘆いています。そうでしょうか？ 先生はどのように結婚をしましたか？ また、結婚をして何か変わりましたか？

「ネコを飼っている独身男性は結婚できない」というデータがあった。

今から20年以上前のアメリカの調査で。でも私は独身でネコを飼っていたけど、いつのまにか結婚していた。仕事の疲れをネコが癒やしてくれるっていう部分は共感するけど、問題がすり替わってない？ ほかに結婚できない理由があるかもよ？ 別に結婚しなきゃいけないってわけじゃないだろうけど、恋愛くらいはしなきゃ。臆病なのか開き直ってるのか分からないけど、恋愛なんてチャンチャラ……なんていうのは一度の人生なんだから損してると思う。ヒトは誰かと関わり合っていなければ生きていけない。私は結婚しても結果的には何も変わらなかったけど、人生のパートナーは必要だと思ったよ。ヒトとコミュニケーションを取れなければ、ネコの本当の気持ちも正しく理解できないと思うし、一度年下の格好良い彼氏でも連れてってお母さんをギャフンと言わせてみたら？

Q
93

猫が大好きで、将来は先生のように猫専門の病院をつくりたくて、日々勉強しています。でも親にそのことを言うと、「普通の会社員で良いんじゃない？」と言われます。先生は猫の先生になろうと思ったとき、親に反対されませんでしたか？ また、説得する何か良い方法はありませんか？

獣医師になるところから父親には大反対された。

子どもの頃の夢はデイビッド・アッテンボロー［＊］やコンラート・ローレンツ［＊］のような学者になることだった。でも子どもの頃はそんなの分からないから、獣医師になったらきっとそういうことができるんだと思っていた。子どもの夢は大きければ大きいほうが良い。その中から現実の等身大にリサイズして、ちょっと背伸び気味が丁度良いと思う。

今では全国に何軒もできたけど、私が最初にネコ専門の病院を開院したときは、周りの獣医を始め、大学の教授も賛成はしなかった。父親も、自分がよく分からない獣医という仕事には反対だった。何でもそうだけど、反対されるくらいが丁度良いんじゃない？ でもこの質問は個人的にはとても違和感があって、自分は普通の会社員になれなかったから、猫医者をやっている。普通の会社員のほうが難しいヒトだっているよ。どうしてネコの病院をつくりたいのか、もう一度じっくり考えてみて。

＊**デイビッド・アッテンボロー**：イギリスの動物学者。
＊**コンラート・ローレンツ**：オーストリアの動物行動学者。

Q 94

先ほどの質問者です。
親に反対はされていますが、獣医を目指すことにしました。
猫の病院をつくりたい理由について、じっくり考えました。
猫が大好きで、多くの猫に元気で生きてほしいと思ったからです。
そこで、獣医という仕事で大変なことを教えていただきたいです。

獣医師は家畜に対しての仕事。

それが獣医大学に行って初めて分かったこと。ヒトがいかに動物とうまく暮らせるかを指導する立場の仕事なんだと。相手が生き物である以上、時間の融通は全くきかない。毎日の積み重ねが必要で、しばらく休みが取りたいと思っても、許してもらえる仕事ではない。その覚悟はあるだろうか？　動物と一緒に生活することで得られる至福感や、その命が飼い主の生命倫理に与える影響が重要であって、それこそが獣医師に与えられたミッションだと思っている。

ちょっと重い内容になってしまったけど、どんな仕事をすることになっても、使命感を持ってやってもらいたいな。

Q
95

東北から名古屋に転勤することが決まりました。中部地方で暮らすのは今回が初めてです。名古屋と言えば「味噌カツ」が有名ですが、先生オススメの名古屋めしはありますか？

猫医者のグルメ特集を。

味噌カツは赤味噌なんだけど、この赤味噌にまつわる話。実は味噌は大陸から伝わった食べ物で豆から作るものだった。江戸時代に豆は比較的高価だったようで、豆で味噌を作ることは名古屋を含めた徳川幕府のお膝元でしか許されなかった。だからこそ愛知県は豆味噌（赤味噌）の文化が色濃く残っている、というわけ。そんな味噌を使った料理である味噌カツの定番は矢場町の『矢場とん』のわらじとんかつかな。

ほかのオススメ料理は台湾系。名古屋には古くから台湾出身の方が多く住んでいる。また縁があって私も台湾の動物園で研修をしていたことがあって、昔は台湾にあるパチンコ店の景品の1等が名古屋へのパチンコ旅行だったこともあるくらい、結び付きがある。最近は台湾料理屋も減ってしまったけど、人気があるのは『味仙』。始めは辛くて食べられないかもしれないけど、慣れてくるとクセになる。名古屋は芸所だったので古くからの和食の名店も多い。東京に比べると生鮮などの価格も安いように感じるし、安心して名古屋に来て下さい。

Q 96

機械音痴でいまだにガラケーを使い続けています。息子はスマホが良いと言うのですが、料金は高いですし、電話とメールができれば良いと思っているので、機種変更をするときもガラケーにしようと考えています。ガラケーでも愛猫の写真は綺麗に撮れるし、スマホに無理して変えることはないと思っています。先生はガラケーとスマホどちらを使っていますか？

私はアプリの使えない老人スマホです！

スマホだけどラインもフェイスブックもできません。これはほぼガラケーなのかな？　早稲田大学の三友仁志先生がお話されていたことだけど、今から5年前に世の中がラインを使うようになると予想できた専門家は一人もいないんだって。情報ツールの変化は目覚ましいもので、若年の世代では情報の消化不良が進行しているみたい。最近はペットを飼うヒトの数が減少傾向で、特に若い世代では減っている。どうもこれはスマホと関係があるのでは、と指摘する専門家もいる。すごく個人的な意見になるけど、生き物と直接接触する機会が多いほうが、情報ばかりと接触しているより、情緒も感性も豊かになると思うのだが……。ガラケーでもスマホでも良いけど、家の中で小さな動物と暮らしてコミュニケーションを取ることのほうにウエイトを置いてもらいたいな。

オレさー
スナッチの
ブラピだわ
そっくりだ
今回の表紙は
本人に
DVDまで
わたされ
スナッチを
モデルに
描きました

Q
97

先生の回答の中でよく映画のお話が出てきますが、一番印象に残っている映画は何ですか？

やっぱりブルース・リーかな。

中学生の頃だったけど、当時のお小遣いでは映画館に行くのは1年に1本が精一杯。そんなときに『燃えよドラゴン』[*]のチケットをもらった。うれしかったから公開すぐに映画館に直行！　ここが観慣れてない子どもの残念なところで、当然満員。でも今日しかないからと仕方なしに館内に入ったら立ち見も立ち見で、オトナの陰でほとんど映像は見えない。しばらく頑張ってみたけれど、あきらめて帰ってきてしまった。子どもの頃の一番悔しかった思い出かな!?　結局ちゃんと観られたのは数年後……。だから食い入るように観ていたので印象深いのだと思う。今はDVDなんて便利なものがあるから、夜中にゆっくり観られるんだけれど、時間が許せばやっぱり映画館に足を運びたいな。自宅でDVDを観るとすれば、勧善懲悪的なものが多い。たとえば『ストリート・オブ・ファイヤー』[*]とか。主演のマイケル・パレみたいな寡黙なオトコがカッコイイと思う。ほかにはスティーブ・マックイーンとか、最近だとジェイソン・ステイサムみたいな感じ。何回も観たのは、ピーター・セラーズの『チャンス』[*]。シャーリー・マクレーンはこれで知って後から若いときの作品を観たんだけど、女優では1番。この映画はピーター・セラーズ晩年の作品で、そのアイロニーに共感したんだと思う。映画って評論家の高評価に同調しなくて良いのだから、自分で勝手に解釈していろんな作品を観たら良いと思う。

＊**『燃えよドラゴン』**：1973年に香港、アメリカで製作された映画。監督はロバート・クローズ。出演者にブルース・リーほか。

＊**『ストリート・オブ・ファイヤー』**：1984年にアメリカで製作された映画。監督はウォルター・ヒル。出演者にマイケル・パレほか。

＊**『チャンス』**：1979年にアメリカで製作された映画。監督はハル・アシュビー。出演者にピーター・セラーズほか。

Q 98

冬になり、北海道では風邪が流行ってきました。私は防寒対策としてブランケットを愛用しております。鈴木先生はどのような防寒対策をしてますか？

家内も札幌出身。北海道の実家に行ったときは衝撃だった！

なんと真冬に家の中で短パンをはいていたのだ！　北海道では終夜暖房をつけていて、室内はどこも暖かく維持されていて、コタツなど使っていなかった。名古屋くらいだと、最悪コタツだけでも一冬越せるけど、極寒の地ではコタツだけでは無理なんだそうだ。そんな習慣から我が家でも一冬終夜暖房の生活をしている。ネコたちは快適なようで、年寄りのネコも病気もせず長生き。そういえばまだ20代の頃に、粋がって一冬半袖で過ごしたことがある。ダウンベストは着ていたけど、原則半袖！　風邪も引かず楽勝かと思いきや、次の夏に最悪の事態が。暑さに体がついていかなかった。それ以来、冬には冬用の衣服を着て、次に来る夏のことを考えて防寒をするようにしている。外出時の防寒のコツを一つ。ダウンのコートは体にぴったりしたサイズを選んで、下はできるだけ薄着をするべし。大きめのサイズのダウンは隙間ができてしまうので暖かくないから。部屋の暖房のコツは高い位置の空気を下に降ろすような空気の流れを作ること。エアコンの風量は最大にしたほうが暖房機能は増す。我が家は天井にファンをつけたら飛躍的に暖かくなった。

Q 99

中学生男子です。ポテチが大好きで、毎日食べているのですが、親が体に悪いから毎日食べるのは良くないと言います。先生は食べ物の好き嫌いはありますか？　また、納得のいかないことを言われてストレスがたまったとき、どのようにストレス解消をしたら良いでしょうか？

好き嫌いはないんだな。

だから昔から、こればっかり無性に食べたいと思うこともなく、あなたの気持ちは正しく理解できていないと思う。アメリカで何十年とビールだけで、病気一つせず暮らしていた男性が見つかったこともあった。でも食事の偏りのリスクっていうのは重要な問題。それを本気で心配してくれるのは親だけだぞ！　もっとも自分もそうだったけど、親のありがたみは、いなくなってからじゃないと分からないけどね。好きなものが食べられないことってストレスじゃなくて、ただのワガママ。本当のストレスは食べるものが手に入らないこと。たとえばシリアでは内戦が激化して、今でも食糧事情が悪く、ネコも食べられてしまっていなくなってしまったらしい。ロシアのレニングラード（現在のサンクトペテルブルク）でも第二次大戦の末期に食べ物がなく、町のネコがすべて食べ尽くされてしまった。こんな状況がストレスであって、コンビニでポテトチップスが買えるような環境は幸福度120％。将来、自立して生活してみれば分かるけど、納得いかないことばかり起こる。そんなことでいちいちストレスをためていたら何も進歩しないぞ！

Q
100

私は中学2年生で、そろそろ進路を決める時期です。美術の学校に行きたいのですが、両親からは将来のことを考えて普通科に入ったほうが良いと言われています。親の言う通り勉強して普通科に入ったほうが良いのでしょうか？それとも夢を追い続けたほうが良いのでしょうか？

私も絵画には興味があって、学生時代は美術館に通っていた。

小学生の頃に賞をもらって調子こいていたのかもしれないけど。でもあることがきっかけで、美術の道は断念した。15歳くらいのときに行った美術館で、1枚の絵に目が留まった。催しの名前は思い出せないけど、ヨーロッパの美術館の作品展だったと思う。古い大きな油絵だった。聞いたこともない画家で、見たこともない作品。今でもその絵だけは記憶に残っている。自分じゃこんなの描けるわけがないとケジメをつけさせられた。

世界中には非凡な才能を持ったヒトがゴマンといる。いかに自分が凡人かと気付かされる経験は必要なんだと思うけど、凡人でも一生懸命にやれば何かできると信じるしかない。将来は学校で決まるものではなく、自分が決めるもの。優秀な学校を出れば立派になれるとは限らないし、逆に行きたくても行けなかったというコンプレックスで出世できるヒトもたくさんいる。誰のおかげで学校に行けるのかをまず考えよう。学費は親が出してくれるんだよ。そこから将来をどうするかもう一度考えてみては？

くるねこ15の前書きに
出てくるアイツである
アンタ
女の皮をかぶった男だなあ

くるね子が訊く！ 6

覚王山の坊さんに言われたことです。仕事には天職と適職があって、天職は天から与えられた滅私奉公な仕事、適職は自分に合った無理のない仕事なんだそうです。鈴木先生にとって、獣医は天職なんだろうなぁと感じます。もちろん好きで就いた仕事ではあるだろうけど、泣きたくなるようなこともたくさんあると思います。そのへんのお話を伺いたいです。

そのお坊さん うまいこと言うね！

以前、知り合いのイタリア人から「先生は仕事がミッションだから」と言われたことがある。日本でのミッションと意味合いが違うのかもしれないと思ったけど、ミッションには使命という意味だけでなく天職という意味もあるらしく、そう見られていることがすごくうれしかった。でも今の仕事で、仕事が負担だと感じたこともないので、無理していないんだから獣医業は私にとって適職なんだろうか？「よく休みもなしで頑張るね！」と言われるが、休みをとって何もすることがないと、かえって不安になるのは私だけだろうか？

もし今の仕事より面白いことを見つけたら休日をつくろうとは思っ

ている。ただ年齢のせいだろうけど、夜間まで診療を続けることは身体的に無理になってきたので、夜は寝させていただいている。朝4時に急患で起こされて若いうちはそれからまた寝られたんだけど、40歳を過ぎた頃から、それができなくなってしまった。そんな次の日は頭が冴えずに、1日棒に振ってしまうので、今はデイタイムの仕事に集中できるように心がけている。漫画家の仕事ってそんなに大変なの？（笑）　私は泣きたくなるような思いは残念ながら思い当たらないなぁ……。

そういえば以前、インターネットの掲示板に私のことがいっぱい書かれていると、知り合いから警告された。東京の獣医が、掲示板の投稿者を名誉毀損で訴えて、勝訴して何百万円か勝ち取ったから、あなたも訴えたほうが良い、という趣旨だった。でもそのとき私は「悪口言われるうちが華でしょ。嫌いな芸能人ベスト10の中には、好きな芸能人ベスト10に入っているヒトも多いでしょ」と言って終わってしまった。悪口を反省材料にして……なんて仙人みたいなことはできないけど、自分の悪口を耳にして弱っているヒトに一言。「相手にしてくれるヒトがまだいるんだから良いじゃん！　気にしない気にしない！」

職業には2種類ある。職人と商人。この2つの大きな違いは、職人は仕事がないことが恥ずかしい。商人はお金がないことが恥ずかしい。これはどちらかが良くてどちらかが悪いというものではなくて、それぞれのミッションが存在する。お金はあるに越したことはないのだろ

うけど、職人の特徴は費用対効果が眼中にないこと。昔は日本の商売は飲食店にしても、着物屋さんにしても、ごひいきさんがお客として職人を支えていた。先輩にある町の酒蔵の話を聞いたことがある。双方ともお酒に対する情熱は一緒だったのかもしれない。でも片方は経営を合理化しようと杜氏《とうじ》（醸造を行う職人）も最低限でまわるような経営方針。もう片方は杜氏を大事にして、仕事に余裕を持たせて、良いお酒を造ろうという経営方針。結果は言うまでもなく、職人を大事にした酒蔵がどんどん有名になり、大きな酒蔵になったとさ……。そんな昔話のような話が現在でもあったらしい。職人を生かす商人がいてこそ、ビジネスは成長するという良い例だろうけど、世の中の風潮として商人がもてはやされ、職人は美化されていないような気がする。私の僻み根性なんだろうか？

動物病院などというのは小さな個人事業主で、当然、国からの補助金など出ない。法律では守られていて、獣医療法という法律の5条に、動物病院の開設は獣医師にしかできないことが示されており、営利目的だけの企業が動物病院を開設することはできない。ということは、獣医の仕事にプロの商人は携われず、職人集団として活動せざるを得ない。でもこんなにやり甲斐のある仕事はほかにはないと思っている。常々この仕事そのものがCSR（企業の社会的責任）だと言っているけど、「天職なんだから滅私奉公だと思いなさい」と言われれば納得がいく。

こうやってくるねこさんと出会ったのも、前世から仕組まれた縁なんだろうけど、お互い身を粉にして働かされているということは、前世でよっぽど悪いことをしたに違いない。今世の業をお互い全うしようじゃないか！

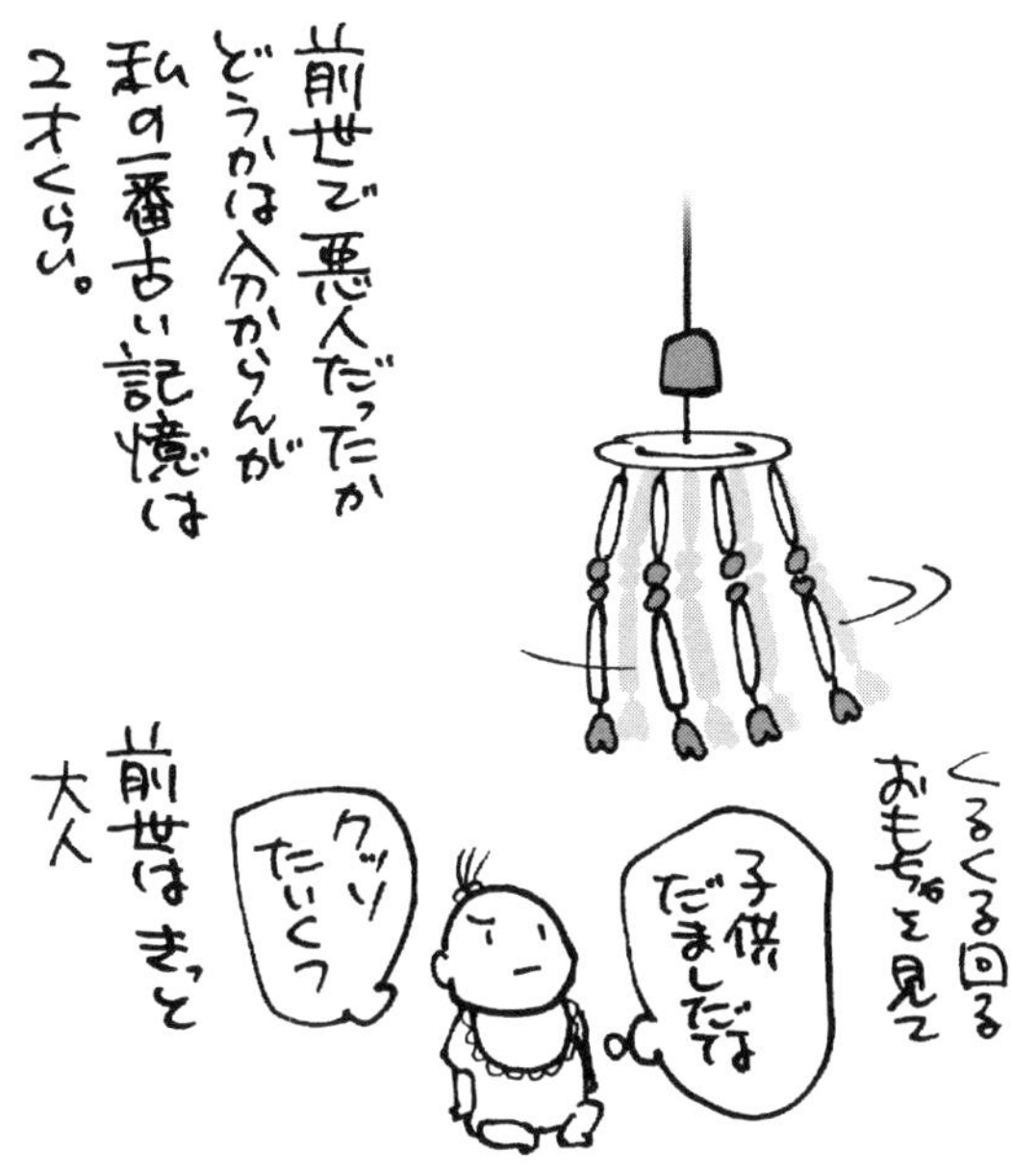
前世で悪人だったか
どうかは分からんが
私の一番古い記憶は
2才くらい。
くるくる回る
おもちゃを見て
子供だましだな
クッソ
たいくつ
前世はきっと
大人

おわりに

猫ってどんな動物ですか？

世界中の誰しもの記憶の中に存在している動物かな。

誰もが知っていて何らかの接点のある、イヌと人気を二分する動物。最近の日本のイヌの飼育頭数は減少傾向が見られるが、ネコは依然として人気が高い。それどころか、世界初の人工知能のコンピューターが最初に映像化したのはネコの絵だった。機械ですらネコのことは気になってしまうくらい、存在感があるのだろう。ではネコのどこにそんな魅力があるかって？　それは実際に一緒に暮らしてみないと分からない。そう、言葉では簡単に言い表せないことばかりで、こうやって文章を書いていても、すべてが伝えられないもどかしさが残ってしまう。ただ仕事で獣医療をしている中で、飼い主にはいつも、「記録」じゃなくて「記憶」に残るようにネコとつきあってほしいと願っている。

獣医になって30年目の節目に、この本を出版できることになった。質問をくれた読者の方々、KADOKAWAの清水さん、モバイルサイトを運営しているメディアマジックの方々、そして猫医者というキャラクターを大事に扱ってくれる、くるねこ大和さんに感謝します。

猫医者

鈴木真

獣医師。1960年、愛知県生まれ。
1989年、名古屋市千種区に日本で
最初のネコ専門クリニック
『猫の病院 エムズキャットクリニック』を開院。
病院業務のかたわら、
ネコのアトピー性皮膚炎治療などに関する研究を続けている。
主な著書に『猫好きのおもしろ話』
『犬好きのおもしろ話』(徳間文庫刊)などがある。

くるねこ大和

漫画家、商業デザイナー。
1973年、愛知県生まれ。
1993年、名古屋造形短期大学卒業後、
デザイン会社に就職。
2006年、独立、"くるねこ大和"ブログをスタートする。
主な著書に『くるねこ①～⑮』
『くるねこ番外篇 思い出噺』(小社刊)、
『やつがれとチビ』『殿様とトラ』(幻冬舎コミックス刊)などがある。

本書は、アニメ『くるねこ』公式モバイル・スマートフォンサイト
『はぴはぴくるねこ』にて連載中のコラム『猫医者に訊け！』に
加筆・修正を加え、単行本化したものです。

猫医者に訊け!

2015年7月10日 初版発行

✤
著者
鈴木真

✤
画
くるねこ大和

✤
発行人
青柳昌行

✤
編集企画
エンターブレイン事業局:ホビー書籍編集部
〒104-8441 東京都中央区築地1-13-1 銀座松竹スクエア

✤
編集長
久保雄一郎

✤
担当
清水速登

✤
装丁
木庭貴信+角倉織音(オクターヴ)

✤
協力
株式会社メディア・マジック

✤
発行
株式会社KADOKAWA
〒102-8177 東京都千代田区富士見2-13-3
TEL:0570-060-555(ナビダイヤル)
http://www.kadokawa.co.jp/

✤
印刷所
共同印刷株式会社

✤

ISBN978-4-04-730477-2 C0095 Printed in Japan

[本書の内容・不良交換についてのお問い合わせ先]
エンターブレイン・カスタマーサポート
電話:0570-060-555[受付時間:土日祝日を除く 12:00〜17:00]
メールアドレス:support@ml.enterbrain.co.jp
*メールの場合は商品名をご明記ください。

はぴはぴ くるねこ

Q

「猫医者に訊け!」の連載ってどこで読めるの?

アニメ『くるねこ』
公式モバイル・スマートフォンサイト
『はぴはぴくるねこ』です!

大人気コラム『猫医者に訊け!』は毎週水曜日と金曜日に更新。全国の猫好きの疑問、質問にビシッと回答! 他にも全国のくるねこファンとおしゃべりしたり、うちねこの写真が投稿できる『井戸端会議』、愚連隊がアナタの運勢を占ってくれる『くるねこ神社』など楽しいコンテンツがいっぱい♪ 絵文字やデコメも続々配信中! みんな遊びに来てね♪

『はぴはぴくるねこ』のトップページにある
キャンペーンバナー内の入力フォームに
キーワードを入力すると
「特製《猫医者&愚連隊》壁紙」がもらえるよ♪

はぴはぴくるねこ　検索

http://kuruneko-anime.jp/
[キーワード]『ねこいしゃ』

Docomo／au／SoftBank 3キャリア対応　フィーチャーフォン・Android・iPhone対応
月額300円(税抜) 制作運営:メディアマジック